Darren Hardy

DIE GEWINNERFORMEL

GOLDMANN

Buch

In *Die Gewinnerformel* verrät Darren Hardy, wie Sie mit kleinen, alltäglichen Entscheidungen alles erreichen, was Sie sich vornehmen. Sein leicht umzusetzendes Schritt-für-Schritt-System erklärt die wichtigsten Erfolgsprinzipien für alle Lebensbereiche – Beruf, Finanzen, Beziehungen, Fitness und vieles mehr – und hilft, Fortschritte nachzuverfolgen, um den verdienten Erfolg zu erlangen. Ganz ohne Tricks und doppelten Boden geht es um das, was wirklich zählt: Sechs grundlegende Methoden, die, richtig angewendet, zu einer Art Betriebsanleitung für echte Motivation und dauerhaften Erfolg werden. Denn es ist an der Zeit, dass Sie sich neue Verhaltensweisen und Gewohnheiten aneignen, die Sie von der Selbstsabotage befreien und auf die Gewinnerseite führen. Dieses Buch wird Ihr Leben verändern! So einfach ist das.

Autor

Darren Hardy ist seit mehr als 25 Jahren tonangebend im Bereich der Persönlichkeitsentwicklung. Als Unternehmer bezog Hardy bereits mit 18 Jahren ein sechsstelliges Jahreseinkommen, sechs Jahre später lag es bei einer halben Million Dollar. Mit 27 Jahren machte er mit seiner Firma mehr als 50 Millionen Dollar Umsatz im Jahr. Als Herausgeber und Chefredakteur des *SUCCESS*-Magazins interviewte er führende Experten, CEOs namhafter Firmen, revolutionäre Unternehmer, berühmte Entertainer, Sportgrößen und Olympiasieger, um ihnen das Geheimnis ihres außergewöhnlichen Erfolgs zu entlocken und es mit der Welt zu teilen. Hardy ist ein beliebter Keynote-Speaker und tritt regelmäßig im Radio und im Fernsehen auf. Er lebt in San Diego, Kalifornien.

Mehr zum Autor unter www.darrenhardy.com

DARREN HARDY

DIE ★★★★★ GEWINNER-FORMEL

Für Erfolg auf ganzer Linie – Beruf, Finanzen, Privatleben

Mit einem Vorwort von Anthony Robbins

Aus dem amerikanischen Englisch
von Angelica Bahlke

GOLDMANN

Die amerikanische Originalausgabe erschien 2010 unter dem Titel
»The Compound Effect« bei Vanguard Press
sowie 2020 bei Hachette Books, New York.

FSC www.fsc.org
MIX
Papier | Fördert
gute Waldnutzung
FSC® C014496

Penguin Random House Verlagsgruppe FSC® N001967

5. Auflage
Deutsche Erstausgabe November 2020

Dieses Werk wurde vermittelt durch die Literarische Agentur
Thomas Schlück GmbH, Hannover.
Umschlag: Uno Werbeagentur, München
Satz: Uhl + Massopust, Aalen
Druck und Bindung: GGP Media GmbH, Pößneck
Printed in Germany
KW · TW
ISBN 978-3-442-17895-7

www.goldmann-verlag.de

★★★★★

Ich widme dieses Buch:

Jerry Hardy,
meinem Trauzeugen, meinem Vater:
dem Mann, der mir die Prinzipien
der Gewinnerformel vorlebte.

Und Jim Rohn,
meinem Mentor: dem Mann,
der mir unter anderem beigebracht hat,
über Dinge von Bedeutung zu reden,
und zwar mit Menschen,
die es interessiert.

★★★★★

VORSICHT! Die Kapitelüberschriften in diesem Buch muten einfach an. Erfolgsstrategien sind längst kein Geheimnis mehr, aber die meisten Menschen ignorieren sie. Sie glauben, das Geheimnis zum Erfolg bereits zu kennen? Das glauben alle anderen auch. Die hier vorgestellten sechs Strategien jedoch werden, der Reihe nach angewendet, Ihr Einkommen, Ihr Leben und Ihren Erfolg in ungeahnte Höhen katapultieren.

Während meiner über 25-jährigen Tätigkeit in der Erfolgsbranche ist mir schon so einiges untergekommen. Nichts funktioniert so gut wie die **Gewinnerformel**: über einen längeren Zeitraum einfache Handlungen konsequent umsetzen.

Das ist sie, die einzige Methode, die Sie wirklich dauerhaft erfolgreich machen wird. Was auch immer Ihr Traum, Wunsch oder Ziel sein mag: Das Buch, das Sie gerade in Ihren Händen halten, verrät Ihnen, wie Sie es erreichen können. Lesen Sie es – es wird Ihr Leben verändern!

INHALT

★★★★★

★★★★★

**Egal, was Sie lernen,
oder welche Strategie
oder Taktik Sie anwenden:
Die Gewinnerformel
wird Sie zum Erfolg führen.**

★★★★★

VORWORT VON TONY ROBBINS

Sind Sie mit Ihrem Leben so, wie es jetzt ist, zufrieden? Oder blättern Sie gerade in diesem Buch, weil Sie auf der Suche nach Veränderung sind? Ich tippe darauf, dass Sie *Die Gewinnerformel* in die Hand genommen haben, weil es mindestens einen Bereich in Ihrem Leben gibt, mit dem Sie im Moment nicht zufrieden sind. Und ob Sie es glauben oder nicht: Diese Unzufriedenheit hat etwas Gutes. Denn sie bedeutet, dass Sie nach Antworten suchen, dass Sie wachsen wollen.

Die meisten Menschen denken, dass es schwierig sei, sich zu verändern und persönlich weiterzuentwickeln. Aber ich glaube, dass es nicht kompliziert oder anstrengend sein muss, Träume zu verwirklichen und Ziele zu erreichen. Erfolg ist einfach. *Die Gewinnerformel* basiert auf einem Prinzip, das ich in meinem eigenen Leben und in meinem Training anwende, und zwar, dass Entscheidungen unser Schicksal formen. Kleine alltägliche Entscheidungen werden entweder zu dem Leben führen, das Sie sich wünschen, oder zur selbst verschuldeten Katastrophe. Tatsächlich sind es die kleinsten Entscheidungen, die unser Leben bestimmen. Was man isst und wo man arbeitet, mit welchen Menschen man seine Zeit verbringt, wie man seinen Tag gestaltet – jede Entscheidung prägt Ihr jetziges und, noch viel wichtiger, Ihr zukünftiges Leben.

Sie sehen, bei Erfolg geht es nicht darum, 5000 verschiedene Dinge gut zu machen. Es geht darum, die richtigen Dinge mindestens 5000 Mal zu machen. Und das ist es, was Darren Hardy hier für Sie aufbereitet hat: Schlüsselprinzipien zum Erfolg – und wie Sie sie in Ihren Alltag integrieren können. So werden Sie dauerhaft erfolgreich.

Wenn Sie jemanden suchen, der Sie in einer lebensverändernden Zeit begleiten soll – der Ihnen dabei hilft, das Leben zu leben, das Sie sich wünschen –, dann hören Sie nicht nur auf das, was Menschen sagen, sondern beobachten Sie, was sie tun. Denn das offenbart ihr wahres Ich. Und das bewundere ich an Darren: Er praktiziert, was er predigt. Was er hier mit Ihnen teilt, hat in seinem Leben funktioniert – und auch in meinem.

Darren und ich haben beide schon in jungen Jahren beschlossen, unsere Geschicke selbst in die Hand zu nehmen. Dabei ließen wir uns von Menschen inspirieren, die ein Leben nach unserer Vorstellung führten. Das Gelernte setzten wir dann in die Tat um. Es ist keine große Überraschung, dass wir beide Jim Rohn als unseren Mentor bezeichnen. Jim war ein Meister darin, Menschen verständlich zu machen, welche Wahrheiten und Prinzipien zu echtem Erfolg führen. Er lehrte uns, dass Erfolg eine Wissenschaft ist. Sicher, jeder ist anders, aber es gelten immer die gleichen Gesetze des Erfolgs. Man erntet, was man sät – das Leben birgt nicht mehr als das, was man bereit ist zu investieren. Wenn Sie mehr Liebe wollen, müssen Sie mehr Liebe geben. Wenn Sie mehr Erfolg wollen, müssen Sie andere erfolgreicher machen. Und wenn Sie die Kunst des Erfolgs erlernen und beherrschen, werden Sie den Erfolg erzielen, den Sie sich wünschen.

Darren Hardy ist der lebende Beweis dieser Philosophie. Er praktiziert, was er predigt. Was er in diesem Buch mit Ihnen teilt, hat in seinem Leben – und auch in meinem – funktioniert.

Darren Hardy hat es mit einfachen, jedoch tiefgreifenden Erfolgsprinzipien geschafft, mit 24 Jahren mehr als eine Million Dollar im Jahr zu verdienen und mit 27 Jahren eine mehr als 50 Millionen Dollar schwere Firma aufzubauen. Er machte aus seinem Leben sein persönliches Test- und Forschungslabor zum Thema Erfolg. Er war sein eigenes Versuchskaninchen, an dem er Tausende Ideen, Mittel und Werkzeuge testete. An seinen Misserfolgen und Triumphen erkannte er, welche Ideen und Strategien von Wert sind und welche einfach nur Unsinn.

Seit mehr als 25 Jahren kreuzen sich meine Wege mit Darren, der einer der führenden Experten auf dem Gebiet der Persönlichkeitsentwicklung ist und bereits mit unzähligen renommierten Autoren, Speakern und Strategen zusammengearbeitet hat. Er hat Zehntausende Unternehmer gecoacht, viele große Unternehmen beraten und war persönlicher Mentor Tausender CEOs und Topmanager. So lernte er, was wirklich zählt und funktioniert – und was nicht. Als TV-Produzent und Herausgeber des *SUCCESS*-Magazins saß Darren am Schalthebel der Persönlichkeitsentwicklungsbranche. Er interviewte bekannte Führungspersonen, von Richard Branson über General Colin Powell bis hin zu Serena Williams, rund um das Thema Erfolg und sammelte ihre besten Ideen – sogar ein paar von meinen. Er ist wie eine Enzyklopädie, die alle Informationen zu persönlichem Erfolg aufsaugt, sortiert, filtert, verdaut, analysiert, zusammenfasst, kategorisiert und aufschlüsselt. Er hat Ordnung in das Durcheinander gebracht und sich auf die Kerninhalte konzentriert – Prinzipien, die Sie sofort in *Ihrem* Leben umsetzen können, um messbare und dauerhafte Resultate zu erzielen.

Dieses Buch ist eine Bedienungsanleitung, die Ihnen zeigt, wie man sich das System zu eigen macht, es kontrolliert, beherrscht und an die eigenen Bedürfnisse und Vorstellungen anpasst. Hat man das einmal geschafft, gibt es nichts mehr, was man nicht haben oder erreichen kann.

Die Gewinnerformel basiert wie gesagt auf einem Gesetz, das ich in meinem eigenen Leben und meiner Ausbildung anwende: Das Schicksal eines Menschen wird durch seine Entscheidungen geformt. Ihre Zukunft haben Sie selbst in der Hand. Die Entscheidungen, die Sie treffen – auch die kleinen, alltäglichen– führen zu dem Leben, das Sie sich wünschen, oder aber zu bedauerlichen Ergebnissen. Tatsächlich sind es die kleinsten Entscheidungen, die unser Leben bestimmen. Kommt man nur zwei Millimeter vom Kurs ab, ist man bereits auf einem anderen Pfad. Was wie eine winzige, folgenlose Entscheidung aussieht, kann sich als massive Fehlkalkulation herausstellen. Was man isst und wo man arbeitet, mit welchen Menschen man seine Zeit verbringt, wie man seinen Nachmittag gestaltet: Jede Entscheidung prägt Ihr jetziges und – noch viel wichtiger – Ihr zukünftiges Leben. Die gute Nachricht ist, dass Sie nicht machtlos sind. Genau so, wie eine Zwei-Millimeter-Abweichung Sie auf die schiefe Bahn bringen kann, bringt Sie eine Zwei-Millimeter-Neujustierung wieder auf den richtigen Weg. Der Trick besteht darin, den Plan, den Leitfaden oder die Karte zu finden, die einem zeigt, wo der richtige Weg ist. Und wie man da hinkommt. Und wie man da bleibt.

Ich möchte Sie auffordern, nicht mehr im passiven Reaktionsmodus zu leben – entscheiden Sie sich noch heute, die Kontrolle über Ihr Leben zu übernehmen und die Entscheidungen zu treffen, die Ihr Schicksal positiv beeinflussen. Wenn Sie wachsen wollen (und ich hoffe, das wollen Sie!), nutzen Sie die Werkzeuge in diesem Buch. Verwenden Sie es als Leitfaden, um das Leben und den Erfolg zu erlangen, die Sie sich wünschen. Denken Sie daran: Erfolg ist einfach. Sie müssen nur die richtigen Dinge tun – und das jeden einzelnen Tag –, dann werden Sie das Beste bekommen, was das Leben zu bieten hat.

Dieses Buch ist *genau* das: ein detaillierter, handfester Aktionsplan. Lassen Sie sich überraschen, werfen Sie Ihre bisherigen Annahmen über Bord, seien Sie neugierig und machen Sie Ihr Leben wertvoller – *ab jetzt.* Nutzen Sie dieses Werkzeug. Lassen Sie sich von ihm den Weg zeigen, um das Leben zu führen und den Erfolg zu haben, den Sie sich wünschen.

Wenn Sie das und all die anderen sinnvollen Dinge tun – Tag für Tag –, dann bin ich mir sicher, dass Sie das Beste aus Ihrem Leben machen können.

Leben Sie leidenschaftlich!

Tony Robbins

Unternehmer, Bestsellerautor und Coach für Höchstleistungen

EINLEITUNG

In diesem Buch geht es um Erfolg und wie man ihn tatsächlich erzielt. Es wird Zeit, dass Ihnen das mal jemand ganz klar sagt. Sie wurden schon viel zu lange für dumm verkauft. Es gibt keine Zauberformel, kein schnelles Patentrezept. Man verdient nicht 200.000 Euro im Jahr, indem man zwei Stunden am Tag im Internet surft; man verliert keine 15 Kilo in einer Woche mit einer »Hollywood-Diät« oder reibt sich mit einer Creme 20 Jahre aus dem Gesicht; man löst keine Beziehungsprobleme mit einer Tablette oder erzielt nachhaltigen Erfolg mit einer Methode, die zu gut klingt, um wahr zu sein. Es wäre schön, wenn man Erfolg, Ruhm, Selbstwertgefühl, harmonische Beziehungen, Gesundheit und Wohlbefinden hübsch verpackt im Supermarkt kaufen könnte. Aber leider funktioniert das so nicht.

Wir werden ständig mit immer sensationelleren Angeboten bombardiert, die uns reich, fit, jung und sexy machen sollen – alles über Nacht und ohne viel Arbeit, überweisen Sie einfach drei Mal 39,95 Euro. Diese unablässigen Marketingbotschaften haben uns das Gefühl dafür verlieren lassen, was es wirklich braucht, um erfolgreich zu sein. Wir haben die einfachen, aber tiefgreifenden Prinzipien des Erfolgs nicht mehr präsent.

Davon habe ich jetzt genug. Ich werde mich nicht zurücklehnen und dabei zusehen, wie diese leichtsinnigen Botschaften Menschen auf die falsche Fährte locken. Ich habe dieses Buch geschrieben, um Sie zurück zu den Ursprüngen zu bringen. Gemeinsam werden wir richtig ausmisten und uns wieder auf das besinnen, was wirklich zählt. Sie können die Übungen und bewährten Erfolgsprinzipien in diesem Buch sofort in *Ihr* Leben integrieren, um messbaren und nachhaltigen Erfolg zu erzielen. Ich werde Ihnen beibringen, wie man die Gewinnerformel so anwendet, dass Sie das System, das Ihr Leben bisher im Guten wie im Schlechten bestimmt hat, zu Ihrem Vorteil nutzen und Sie Ihr Leben wirklich umkrempeln können. Sie haben schon gehört, dass man alles erreichen kann, solange man es nur wirklich will, richtig? Nun ja, man muss auch wissen wie. Die Gewinnerformel ist die Gebrauchsanweisung, mit der Sie das System beherrschen werden. Danach gibt es nichts mehr, was Sie nicht haben oder erreichen können.

Woher ich weiß, dass die Gewinnerformel die einzige Methode ist, die Sie für den ultimativen Erfolg brauchen? Erstens: Ich habe all diese Prinzipien in meinem eigenen Leben umgesetzt. Ich hasse es zwar, wenn Autoren sich selbst auf die Schulter klopfen, aber es ist wichtig zu wissen, dass ich aus eigener Erfahrung spreche: Ich bin der lebendige Beweis für meine Formel, das ist keine bloße Theorie. Wie Tony Robbins erwähnte, konnte ich schon große berufliche Erfolge verzeichnen, weil ich die Prinzipien, von denen Sie in diesem Buch lesen werden, rigoros angewandt habe. In den letzten 40 Jahren habe ich mich intensiv mit Erfolg und menschlichen Errungenschaften auseinandergesetzt. Ich investierte Hunderttausende von Dollar, um verschiedenste Ideen, Werkzeuge und Philosophien zu testen. Meine persönliche Erfahrung hat bewiesen, dass – egal, was Sie lernen oder welche Strategie Sie anwenden – am Ende der umgesetzten Gewinnerformel der Erfolg steht.

Zweitens: Seit mehr als 25 Jahren bin ich ein zentraler Gestalter der Erfolgsmedienbranche. Ich habe mit sehr vielen angesehenen Meinungsführern, gefeierten Vortragsrednern und Bestsellerautoren zusammengearbeitet. Als Berater von CEOs und Hochleistungsträgern trainierte und begleitete ich unzählige Wirtschaftsführer. Aus all diesen Fallstudien habe ich das herausgezogen, was funktioniert – und was nicht.

Drittens: Als Produzent von drei Fernsehsendern, die Erfolg zu ihrem Programm machten, und als Herausgeber des *SUCCESS*-Magazins war es meine Aufgabe, die Ideen, Werkzeuge und Profile der erfolgreichsten Menschen der Welt auf den Prüfstand zu stellen, zu kuratieren und auf das Wesentliche zu reduzieren, um zu entscheiden, wen wir in unsere Fernsehshows einladen oder auf den Seiten unseres Magazins vorstellen. Jeden Monat interviewte ich ein halbes Dutzend Topexperten zu einer großen Bandbreite an Erfolgsthemen und extrahierte ihre besten Ideen. Tagein, tagaus durchforstete ich eine Unmenge an Ideen, Informationen und Strategien zu persönlichem und beruflichem Erfolg.

Und darauf will ich hinaus: Wenn man einen solch tiefgreifenden Einblick in diese Branche hat und sich das nötige

Know-how aneignet, indem man sich mit den Lehren und Best Practices einiger der erfolgreichsten Menschen der Welt beschäftigt, dann sieht man plötzlich sehr klar. Man erkennt Wahrheiten, die dem Erfolg zugrunde liegen. Ich habe inzwischen schon so einiges gesehen, gelesen und gehört, ich lasse mich vom neuesten »genialen Trick« oder dem selbsternannten Propheten mit seinem »wissenschaftlichen Durchbruch« nicht für dumm verkaufen. Spielereien beeindrucken mich nicht mehr, dafür habe ich zu viel Erfahrung. Ich war schon oft auf Holzwegen und habe viel Lehrgeld bezahlen müssen.

In diesem Buch geht es um das, was wirklich zählt – ohne all das unnütze Beiwerk und die Störgeräusche. Und was ist das? Das sind sechs grundlegende Prinzipien, die, wenn Sie sich darauf konzentrieren und sie beherrschen, zu einer Art Betriebsanleitung werden, mit deren Hilfe Sie jedes anvisierte Ziel erreichen und das Leben leben können, das Ihnen bestimmt ist. Dieses Buch enthält diese sechs Prinzipien, die zusammen das Erfolgssystem ergeben, das ich die Gewinnerformel nenne.

Bevor wir aber loslegen, hier noch eine Warnung: Erfolg ist anstrengend. Der Weg dahin ist mühsam, langwierig und manchmal sogar langweilig. Es kann dauern und zäh sein, wohlhabend und einflussreich zu sein oder an die Spitze in Ihrem jeweiligen Bereich zu kommen. Verstehen Sie mich nicht falsch, wenn Sie diese Schritte befolgen, werden Sie fast sofort Resultate sehen. Wenn Sie allerdings eine Abneigung gegen Arbeit, Disziplin und Engagement haben, dann schalten Sie besser wieder den Fernseher an und warten auf die nächste Werbesendung, die Ihnen Erfolg über Nacht verspricht – wenn Sie Ihre Kreditkarte zücken.

Worauf ich hinauswill: Sie wissen bereits, was Sie brauchen, um erfolgreich zu sein. Mehr müssen Sie nicht lernen. Wenn alles, was wir bräuchten, nur mehr Informationen wären, dann hätten alle Menschen mit Internetanschluss eine Villa, einen Waschbrettbauch und wären überglücklich. Sie brauchen keine neuen Informationen oder mehr davon – Sie brauchen einen *Aktions*plan. Es ist an der Zeit, sich neue Verhaltensweisen und Gewohnheiten anzueignen, die Sie weg von der Selbstsabotage und hin zum Erfolg führen. So einfach ist das.

Hin und wieder weise ich im Buch auf Material hin, das ich Ihnen im Anhang sowie auf meiner Webseite *TheCompound Effect.com* zur Verfügung stelle. Schauen Sie es sich bitte an! Benutzen Sie es! Dieses Buch und die Tools, mit denen ich Sie unterstütze, sind das Beste aus all dem, was ich bisher gehört, gesehen, gelernt und ausprobiert habe. Alles in einem kleinen Buch, das Ihr Leben verändern wird. So einfach ist das!

Lassen Sie uns loslegen!

★ KAPITEL 1
DIE GEWINNERFORMEL IN AKTION

Kennen Sie den Spruch »In der Ruhe liegt die Kraft«? Haben Sie schon einmal die Geschichte von der Schildkröte und dem Hasen gehört? Meine Damen und Herren, ich bin die Schildkröte. Geben Sie mir nur genug Zeit, und ich werde jeden schlagen, jederzeit, in jedem Wettbewerb. Warum? Nicht, weil ich der Beste, der Schlaueste oder der Schnellste bin. Ich werde gewinnen, weil ich mir positive Verhaltensweisen angewöhnt habe und weil ich darin konsequent bin. Es gibt nichts, woran ich mehr glaube als an Konsequenz. Ich bin der lebendige Beweis dafür, dass Konsequenz der Schlüssel zum Erfolg ist. Gleichzeitig ist es die größte Fallgrube. Denn die meisten Menschen wissen nicht, wie man konsequent bleibt. Ich schon. Und das habe ich meinem Vater zu verdanken. Im Grunde war er mein erster Mentor, durch ihn entdeckte ich die Wirkung der Gewinnerformel.

Als ich 18 Monate alt war, ließen sich meine Eltern scheiden. Mein Vater zog mich von da an allein auf. Er war nicht gerade der sanfteste, fürsorglichste Typ. Er hatte früher als

Footballtrainer an Universitäten gearbeitet und schwor mich auf Leistung ein.

Ihm habe ich es zu verdanken, dass ich jeden Morgen um 6 Uhr geweckt wurde. Nicht etwa durch eine liebevolle Berührung oder den Alarm eines Weckers. Nein, ich wachte jeden Morgen davon auf, dass Eisen wiederholt auf den Betonboden der Garage aufschlug, die sich neben meinem Schlafzimmer befand. Es war, als wachte man direkt neben einer Baustelle auf. Er hatte in großen Lettern »Ohne Fleiß kein Preis« an die Garagenwand gemalt. Darauf starrte er, während er seine Oldschool-Übungen im Gewichtheben machte sowie unzählige Ausfallschritte und Kniebeugen. Egal bei welchem Wetter, mein Vater war da draußen, in seinen Shorts und dem alten Sweatshirt. An keinem einzigen Tag machte er eine Ausnahme. Man konnte die Uhr nach ihm stellen.

Ich hatte mehr Aufgaben als eine Haushälterin und ein Gärtner zusammen. Wenn ich aus der Schule kam, wartete bereits eine Liste von Anweisungen auf mich: Jäte Unkraut, reche das Laub, fege die Garage, staube ab, sauge das Haus, mach den Abwasch – was auch immer. Und schlechte Noten wurden nicht toleriert. So war das einfach damals.

Er war der typische »Keine-Ausreden«-Vater. Wir durften niemals zu Hause bleiben, wenn wir krank waren, es sei denn, wir mussten uns übergeben, hatten eine stark blutende Wunde oder »die Knochen zeigten sich«. Die Wendung »Knochen zeigen« stammte aus seiner Zeit als Trainer. Seine Spieler wussten, dass sie ohne ernsthafte Verletzungen nicht ausgewechselt würden. Einmal bat sein Quarterback darum, vom Spielfeld zu gehen. Mein Vater daraufhin: »Nicht, bevor sich nicht die Knochen zeigen«. Der Quarterback zog seine Schulterpolster herunter, und man konnte tatsächlich sein Schlüsselbein sehen. Erst dann durfte er ausgewechselt werden.

Eine der Kernphilosophien meines Vaters war: »Es ist egal, wie schlau du bist. Du musst mit harter Arbeit deinen Mangel an Erfahrung, Können, Intelligenz oder Talent wettmachen. Wenn dein Mitstreiter schlauer, talentierter oder erfahrener ist, musst du einfach drei- oder viermal so viel arbeiten. Dann kannst du ihn trotzdem besiegen!« Er brachte mir bei, dass harte Arbeit jeden Nachteil ausgleichen kann, egal bei welcher Herausforderung. Die Freiwürfe beim Spiel gelingen nicht? Mach einen Monat lang jeden Tag Tausend Freiwürfe. Du bist mit der linken Hand nicht so gut beim Dribbling? Binde die rechte Hand hinter deinem Rücken fest und dribble drei Stunden am Tag. Nicht so gut in Mathe? Setz dich auf den Hosenboden, organisier dir einen Nachhilfelehrer und lern den Sommer über durch, bis du es verstanden hast. Keine Ausreden. Wenn du in etwas nicht gut bist, dann arbeite noch mehr an dir, oder zielgerichteter. Er praktizierte auch, was er predigte. Mein Vater arbeitete sich vom Footballtrainer zu einer hohen Position im Vertrieb hoch. Dort wurde er dann Chef, und am Ende hatte er seine eigene Firma.

Aber er sagte uns Kindern nicht ständig, was wir zu tun

hatten. Er ließ es uns selbst herausfinden, von Anfang an. Bei ihm ging es immer um Eigenverantwortung. Er fragte uns nicht jeden Abend, ob wir unsere Hausaufgaben gemacht hätten, solange wir gute Noten nach Hause brachten. Und wenn wir das taten, wurden wir gefeiert. Mein Vater ging dann mit uns zu »Prings«, einer Eisdiele, wo man riesige Bananensplits bekam – sechs Eiskugeln und alle Toppings! Meine Geschwister waren meist nicht so gut in der Schule, also bekamen sie dort selten ein Eis. Zu Prings gehen zu dürfen war das Größte, also büffelte man, um es zu schaffen.

Damals nahm ich mir ein Beispiel an der Disziplin meines Vaters. Er war mein Idol, und ich wollte, dass er stolz auf mich war. Gleichzeitig hatte ich Angst, ihn zu enttäuschen. Eine seiner Philosophien lautete: »Sei der, der Nein sagt. Es ist keine große Kunst, mit dem Schwarm zu schwimmen. Sei der ungewöhnliche Typ, die Ausnahme.« Deswegen habe ich noch nie Drogen genommen – nicht, weil er mich kontrollierte, sondern weil ich nicht der sein wollte, der Drogen nahm, weil es alle anderen taten. Und ich wollte meinen Vater auch nicht enttäuschen.

Dank meines Vaters zog ich als Zwölfjähriger ein Tagesprogramm durch, das den effizientesten CEOs würdig gewesen wäre. Manchmal meckerte und stöhnte ich (ich war ein Kind!), aber selbst dann gefiel mir insgeheim der Gedanke, dass ich meinen Klassenkameraden etwas voraushatte. Durch meinen Vater entwickelte ich schon früh die Disziplin und die Mentalität, die man braucht, um verantwortungsbewusst zu sein, vollen Einsatz zu bringen und das zu erreichen, was man sich vorgenommen hat.

Mein Vater und ich machten immer Witze darüber, zu was für einem krankhaften Streber er mich erzogen hat. Im Alter von 18 Jahren hatte ich meine eigene Firma und ein sechsstelliges Einkommen. Mit 20 kaufte ich meine erste Immobilie in einer schicken Wohngegend. Mit 24 stieg mein Einkommen auf eine Million Dollar im Jahr an, mit 27 galt ich offiziell als Selfmade-Millionär mit einem Business, das mehr als 50 Millionen Dollar Umsatz im Jahr machte. Heute habe ich genug Geld und Vermögenswerte, um meine Familie für den Rest meines Lebens versorgen zu können.

»Es gibt viele Wege, ein Kind zu verderben«, würde mein Vater sagen. »Wenigstens war mein Weg ein verdammt guter! Du scheinst ja etwas aus dir gemacht zu haben.«

Und obwohl ich zugeben muss, dass es mir am Anfang schwerfiel, die Hände in den Schoß zu legen und den Moment zu genießen oder hin und wieder entspannt am Strand zu liegen (ohne einen Stapel Business-Bücher oder Selbstoptimierungs-Hörbücher dabeizuhaben), bin ich doch dankbar für alles, was ich von meinem Vater und meinen anderen Mentoren lernen konnte.

Die Gewinnerformel verrät das »Geheimnis«, das hinter meinem Erfolg steht. Ich stehe zu 100 Prozent dahinter, da mein Vater dafür gesorgt hat, dass ich sie lebte, tagein und tagaus, bis ich gar nicht mehr anders konnte.

Wenn Sie allerdings so sind wie die meisten Menschen,

glauben Sie nicht an die Gewinnerformel. Es gibt viele äußerst verständliche Gründe, warum dem so ist. Sie haben nicht das gleiche Training genossen wie ich und hatten kein Vorbild. Sie kennen die positiven Resultate der Gewinnerformel nicht. Als Gesellschaft werden wir hinters Licht geführt. Wir werden von kommerzieller Werbung hypnotisiert, die uns Probleme suggeriert, die wir gar nicht haben und für die man uns trotzdem Sofortlösungen verkaufen will. Wir werden mit märchenhaften Enden in Filmen und Romanen sozialisiert. Konsequent harte Arbeit zu leisten ist für uns nicht erstrebenswert.

Schauen wir uns diese Hürden eine nach der anderen an.

Sie kennen den Effekt der Gewinnerformel noch nicht

Die Gewinnerformel ist ein Prinzip, mit dem man große Gewinne durch eine Reihe von kleinen, smarten Entscheidungen erzielen kann. Was ich dabei sehr interessant finde, ist, dass sich die einzelnen Schritte nicht bedeutend anfühlen, obwohl aus ihnen so viel resultiert. Egal, ob Sie diese Strategie auf Ihre Gesundheit, Ihre Beziehungen, Ihre Finanzen oder irgendetwas anderes anwenden, die Veränderungen sind so subtil, dass sie fast nicht wahrgenommen werden. Zunächst bringen sie kaum Resultate, keinen großen Gewinn, keine offensichtliche Habe-ich-doch-gesagt-Belohnung. Warum also das Ganze?

Manche stolpern über die Einfachheit der Gewinnerformel. So hören sie zum Beispiel nach dem achten Tag mit dem

Laufen auf, weil sie noch immer übergewichtig sind. Oder sie üben kein Klavier mehr, weil sie nach sechs Monaten noch nichts anderes beherrschen als den Flohwalzer. Oder sie zahlen nach ein paar Jahren nicht mehr auf ihr privates Rentenkonto ein, da sie das Geld brauchen könnten – und es scheint sowieso nicht so viel dabei herumzukommen.

Was sie dabei nicht realisieren, ist, dass diese kleinen, scheinbar unbedeutenden Schritte im Laufe der Zeit einen großen Unterschied ausmachen, wenn sie konsequent gegangen werden. Lassen Sie mich Ihnen ein paar konkrete Beispiele geben.

Kleine, smarte Entscheidungen + Konsequenz + Zeit = RADIKALER UNTERSCHIED

Der magische Cent

Wenn Sie vor der Wahl stünden, entweder sofort drei Millionen Euro bar auf die Hand zu bekommen oder stattdessen einen einzigen Cent, der 31 Tage lang täglich seinen Wert verdoppelt, wofür würden Sie sich entscheiden? Wenn Sie dieses Beispiel schon kennen, dann werden Sie wissen, dass Sie den Cent nehmen sollten – er wird Ihnen zu größerem Reichtum verhelfen. Warum ist das trotzdem so schwer zu glauben? *Weil es so viel länger dauert, bis man belohnt wird.* Schauen wir uns das mal näher an.

Sagen wir mal, Sie nehmen die drei Millionen und ein

Freund nimmt den Cent. An Tag 5 hat Ihr Freund 16 Cent. Sie wiederum haben drei Millionen Euro. An Tag 10 steht es 5,12 Euro gegen das große Geld. Was meinen Sie, wie sich Ihr Freund mit seiner Entscheidung fühlen wird? Sie geben Millionen aus, genießen das ungemein und stehen hinter Ihrer Entscheidung.

Nach vollen 20 Tagen, mit nur 11 Tagen vor sich, hat Ihr Freund 5.243 Euro. Wie geht es ihm an diesem Punkt damit? All seine Entbehrungen und das positive Verhalten wurden mit kaum mehr als 5.000 Euro belohnt. Sie wiederum haben drei Millionen Euro. Die unsichtbare Magie hinter der Gewinnerformel beginnt sichtbar zu werden. Das gleichbleibend kleine mathematische Wachstum lässt den Cent am 31. Tag 10.737.418,24 Euro wert sein, mehr als dreimal so viel wie Ihre drei Millionen Euro.

An diesem Beispiel sehen wir, warum Konsequenz so wichtig ist. An Tag 29 haben Sie Ihre drei Millionen Euro, Ihr Freund hat ungefähr 2,7 Millionen Euro. Erst an Tag 30 dieses 31-Tage-Rennens hat er den Kopf vorne, mit 5,3 Millionen Euro. Und erst *am allerletzten Tag* dieses langen Ultramarathons schlägt Ihr Freund Sie haushoch: Er kassiert 10.737.418,24 Euro und Sie nur drei Millionen.

Es gibt nur wenige Dinge, die so beeindruckend sind wie die »Magie« des Cent-Effekts. Erstaunlicherweise funktioniert das in jedem anderen Bereich Ihres Lebens genauso.

Hier ein weiteres Beispiel …

Drei Freunde

Nehmen wir drei Freunde, die zusammen aufgewachsen sind. Sie wohnen im gleichen Viertel, in ähnlichen Lebensumständen. Jeder verdient ungefähr 50.000 Euro im Jahr. Sie alle sind verheiratet, Gesundheit und Körpergewicht sind durchschnittlich, vielleicht haben alle das gefürchtete kleine Wohlstandsbäuchlein.

Freund Nummer 1, nennen wir ihn Larry, trottet so durchs Leben, wie er es immer getan hat. Er ist glücklich, glaubt er zumindest. Hin und wieder beschwert er sich allerdings, dass sich nichts ändert.

Freund Nummer 2, Scott, beginnt damit, kleine, scheinbar folgenlose Änderungen vorzunehmen. Er fängt an, jeden Tag zehn Seiten eines guten Buchs zu lesen und auf dem Weg zur Arbeit und zurück 30 Minuten etwas Lehrreiches oder Inspirierendes zu hören. Scott will etwas in seinem Leben verändern, macht aber darum nicht viel Aufhebens. Er hat vor Kurzem angefangen, den »DarrenDaily On-Demand«-Podcast zu hören und sich vorgenommen, eine Idee aus einer der letzten Folgen in seinem Leben umzusetzen: Er will jeden Tag 125 Kalorien weniger zu sich nehmen. Keine große Sache. Wir reden hier vielleicht von ein paar Löffeln weniger Müsli, einer Flasche Wasser statt dem Softdrink, oder Senf statt Mayonnaise auf dem Sandwich. Machbar. Er fängt auch damit an, jeden Tag ein paar Tausend Schritte mehr zu machen (weniger als 1,5 Kilometer). Kein großer Einsatz, keine Heldentat. Das könnte jeder tun. Aber Scott ist entschlossen, es durchzuziehen. Er weiß, dass diese Veränderungen zwar einfach sind, er aber genau deswegen auch in Versuchung kommen könnte, sie wieder aufzugeben.

Freund Nummer 3, Brad, trifft ein paar schlechte Entscheidungen. Vor Kurzem hat er einen neuen Großbildfernseher gekauft, um seine Lieblingsshows noch mehr zu genießen. Er probiert die Rezepte aus, die er bei Kochsendungen gesehen hat – Käseaufläufe und Desserts, seine Leibspeisen. Ah ja, und er hat sich im Wohnzimmer eine Bar eingerichtet und gönnt sich ein alkoholisches Getränk pro Woche. Nichts Verrücktes, Brad möchte einfach nur ein bisschen mehr Spaß haben und sich unter der Woche etwas mehr entspannen.

Nach fünf Monaten gibt es scheinbar keine großen Unterschiede zwischen Larry, Scott oder Brad. Scott liest noch immer ein paar Seiten am Abend und hört auf seinem Weg zur Arbeit Hörbücher, Brad »genießt« sein Leben und macht weniger. Larry macht genau das, was er schon immer gemacht hat. Und obwohl jeder der drei ein anderes Verhaltensmuster hat, sind fünf Monate nicht ausreichend, um eine wirkliche Verschlechterung oder Verbesserung in ihren Lebensumständen zu erkennen. Wenn man das Gewicht der drei Männer vergleichen würde, man sähe keine Unterschiede. Sie sehen exakt gleich aus.

Auch nach zehn Monaten sehen wir noch keine auffälligen Veränderungen im Leben der drei Freunde. Erst zu Ende des 18. Monats sind die ersten kleinen Veränderungen im Aussehen erkennbar.

In Monat 25 jedoch sehen wir tatsächlich messbare, sichtbare Unterschiede. In Monat 27 werden diese Unterschiede noch deutlicher. Und dann, in Monat 31, ist die Veränderung eklatant. Brad ist jetzt dick, Scott ist schlank. Indem er einfach 125 Kalorien am Tag wegließ, hat Scott in 31 Monaten mehr als 15 Kilo abgenommen.

---

31 Monate = 940 Tage
940 Tage x 125 Kalorien/Tag = 117.500 Kalorien
117.500 Kalorien geteilt durch 7500 Kalorien pro Kilo = 15,7 Kilo!

Brad aß in der gleichen Zeitspanne nur 125 Kalorien mehr am Tag und nahm 15,6 Kilo zu. Jetzt wiegt er über 30 Kilo mehr als Scott! Aber die Unterschiede gehen über das Gewicht hinaus. Scott hat fast 1000 Stunden darin investiert, gute Bücher zu lesen und Selbstoptimierungs-CDs zu hören. Sein neues Wissen hat er in die Praxis umgesetzt und so eine Beförderung und eine Gehaltserhöhung bekommen. Und das Beste: In seiner Ehe läuft es richtig gut. Und Brad? Er ist unglücklich mit seiner Arbeit, und seine Ehe geht in die Brüche. Und Larry? Larry ist im Grunde genau dort, wo er vor zweieinhalb Jahren war, nur dass er jetzt deswegen etwas verbittert ist.

Die phänomenale Wirkung der Gewinnerformel ist so einfach. Der Unterschied zwischen Menschen, die die Gewinnerformel zu ihrem Vorteil anwenden, und jenen, die es zulassen, dass der gleiche Effekt gegen sie arbeitet, ist fast unvorstellbar. Die Wirkung ist fast übernatürlich! Wie Magie oder Quantensprünge. Nach 31 Monaten (oder 31 Jahren) wirkt die Person, welche die Gewinnerformel positiv für sich nutzt, wie ein »Überflieger«. In Wirklichkeit war ihr oder sein großer Erfolg das Resultat kleiner schlauer Entscheidungen, die konsequent über einen längeren Zeitraum durchgezogen wurden.

Der Welleneffekt

Die Folgen im obengenannten Beispiel wirken dramatisch, ich weiß. Aber es geht eigentlich noch tiefer. Tatsächlich kann sogar eine kleine Veränderung eine große Wirkung haben, die dann einen unerwarteten und unbeabsichtigten Welleneffekt auslöst. Nehmen wir eine von Brads schlechten Angewohnheiten mal unter die Lupe – regelmäßig fetthaltiges Essen zu sich zu nehmen –, um besser zu verstehen, wie die Gewinnerformel auch ins Gegenteil umschlagen und einen Welleneffekt auslösen kann, der Ihr ganzes Leben beeinträchtigt.

Brad backt ein paar Muffins nach dem Rezept aus einer Kochsendung. Er ist stolz, und seiner Familie schmecken die Muffins – scheinbar profitieren alle davon. Er macht sie (oder anderen Süßkram) also häufiger. Er liebt das, was er kocht und backt, und isst mehr als die anderen – aber nicht so viel, dass es auffällt. Nichtsdestotrotz macht das viele Essen Brad in der Nacht zu schaffen. Er kommt morgens schlecht aus dem Bett, was ihn unleidlich macht. Die schlechte Laune und der Schlafmangel beginnen, seine Arbeitsleistung zu beeinträchtigen. Er ist weniger produktiv und bekommt deshalb entmutigendes Feedback von seinem Chef. Am Ende des Tages ist er mit seinem Job unzufrieden, und sein Energielevel ist im Keller. Der Weg nach Hause erscheint ihm plötzlich länger und anstrengender als jemals zuvor. All das lässt ihn zu mehr Wohlfühlessen greifen – das hat Stress so an sich.

Seine Energielosigkeit verdirbt ihm auch den Spaß daran, mit seiner Frau wie üblich spazieren zu gehen. Ihm ist einfach nicht danach. Sie vermisst die gemeinsame Zeit und nimmt seinen Rückzug persönlich. Durch die weniger werdenden Aktivitäten mit seiner Frau, fehlende frische Luft und körperliche Betätigung werden bei Brad weniger Endorphine ausgeschüttet, die ihn vorher optimistisch und fröhlich stimmten. Da er nicht mehr so gut gelaunt ist, sucht er den Fehler bei sich und den anderen und macht seiner Frau keine Komplimente mehr. Sein Körper wird immer schlaffer, er fühlt sich weniger selbstbewusst, weniger attraktiv und kann romantischen Situationen kaum noch etwas abgewinnen.

Brad ist sich nicht bewusst, welche Auswirkungen sein Mangel an Energie und die fehlende Zuneigung auf seine Frau haben. Er weiß nur, dass er sich unwohl fühlt. Er beginnt, bis spät in den Abend fernzusehen, das ist einfach und lenkt ab. Da sie seinen Rückzug spürt, beginnt Brads Frau sich zu beschweren, dann wird sie anhänglich. Als das nicht funktioniert, zieht sie sich emotional zurück, um sich zu schützen. Sie ist einsam. Sie steckt ihre Energie in die Arbeit und verbringt mehr Zeit mit ihren Freundinnen, um ihr Bedürfnis nach Gesellschaft zu stillen. Männer flirten jetzt mit ihr, und sie fühlt sich wieder begehrt. Sie würde Brad niemals betrügen, aber er bekommt das Gefühl, dass etwas nicht stimmt. Anstatt zu erkennen, dass die Wurzel des Problems in *seinen* schlechten Entscheidungen und Verhaltensweisen liegt, sucht er den Fehler bei seiner Frau.

Den Fehler beim *anderen* statt bei sich selbst zu suchen – das gehört zum Einmaleins der Psychologie. Bei Brad ist das Problem, dass er nicht selbstreflexiv ist – und bei »Top Chef« oder seinen Lieblingskrimiserien gibt es keine Ratschläge in Sachen Selbstoptimierung oder Beziehungen. Er kam nicht auf den Gedanken, dass er hätte lernen können, seine schlechten Angewohnheiten zu ändern, wenn er die gleichen Bücher über Persönlichkeitsentwicklung gelesen hätte wie sein Kumpel Scott. Leider haben die kleinen Entscheidungen, die Brad täglich traf, eine Wirkung entfaltet, die für jeden Bereich seines Lebens verheerend war.

Natürlich hatten all das Kalorienzählen und die intellektuelle Stimulierung bei Scott den gegenteiligen Effekt, und er erntet nun die Früchte seines positiven Verhaltens. Das ist die Wiederholung einfacher alltäglicher Handlungen im Gegensatz zu schlichten Fehleinschätzungen. So simpel ist das. Mit genügend Zeit und Konsequenz werden die Folgen sichtbar. Viel mehr noch, sie werden sogar vorhersehbar.

Der Effekt der Gewinnerformel ist vorhersagbar und messbar – das sind gute Neuigkeiten! Gibt es Ihnen nicht auch ein gutes Gefühl zu wissen, dass Sie nur eine Reihe kleiner Schritte machen müssen – mit Konsequenz und über einen längeren Zeitraum –, um Ihr Leben grundlegend zum Guten zu ändern? Klingt das nicht einfacher als eine große Demonstration von Mut und heroischer Stärke, die viel Energie kostet und die man dann zu einem späteren Zeitpunkt für den nächsten Versuch (der wahrscheinlich fehlschlägt) erneut aufbringen muss? Mich erschöpft allein schon die Vorstellung. Aber genau das machen viele. Denn die Gesellschaft hat uns darauf getrimmt, dass die große Zurschaustellung unserer Mühen zum Erfolg führt (siehe Abbildung 1).

Abb. 1

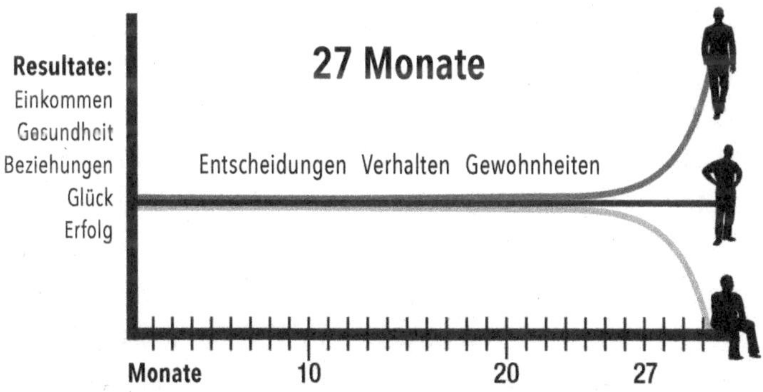

Das Besondere an der Gewinnerformel ist ihre Einfachheit. Auffällig ist, wie der Verlauf zunächst gleich ist, aber dann später stark ausschlägt. Das Verhalten bleibt die ganze Zeit über unverändert, doch die Magie der Gewinnerformel beginnt irgendwann zu wirken, das sorgt für die großen Unterschiede in den Ergebnissen.

Erfolg, ganz oldschool

Die größte Herausforderung bei der Gewinnerformel ist es, eine Zeit lang einfach nur zu arbeiten, mit Konsequenz und Effizienz, bevor die Belohnung auch nur in Sicht ist. Unsere Großeltern wussten das, obwohl sie ihre Abende nicht vor dem Fernseher verbrachten und keine Werbesendungen schauten, die ihnen zeigten, wie man in 30 Tagen straffe Oberschenkel bekommt oder in sechs Monaten zum Immobilienmogul wird. Damals arbeiteten die meisten Leute sechs Tage die Woche, von Sonnenauf- bis Sonnenuntergang. Das Geheimnis des Erfolgs lag damals wie heute in harter Arbeit, Disziplin und guten Gewohnheiten.

Es ist interessant, dass Wohlstand häufig eine Generation zu überspringen scheint. Überfluss führt oft zu einer Null-Bock-Mentalität, die meist mit einer sitzenden Lebensweise einhergeht. Kinder wohlhabender Eltern sind dafür besonders empfänglich. Sie waren nicht diejenigen, die Disziplin und Charakter entwickeln mussten, um den Wohlstand überhaupt zu erreichen. Das erklärt, warum sie nicht die gleiche Wertschätzung für Wohlstand haben und nicht verstehen, was nötig ist, um ihn zu erhalten. Wir sehen diese Anspruchshaltung häufig beim Nachwuchs von Royals, Filmstars, Führungskräften und – weniger stark ausgeprägt – auch bei allen anderen Kindern und Erwachsenen.

In den USA, aber auch in anderen westlichen Ländern scheint ein gutes Arbeitsethos keinen Wert mehr darzustellen. Wir hatten drei, wenn nicht sogar vier Generationen, die großen Wohlstand und Komfort genießen konnten. Unsere Vorstellungen von dem, was es braucht, um langfristig erfolgreich zu sein – zum Beispiel Ausdauer, harte Arbeit, innere Kraft –, sind nicht sonderlich reizvoll und wurden daher fast vergessen. Wir haben die Achtung vor dem Streben und der Anstrengung unserer Vorfahren verloren. Die unglaublichen Mühen, die sie an den Tag legten, machten sie diszipliniert, formten ihren Charakter und ließen sie neuen Herausforderungen die Stirn bieten.

Die Wahrheit ist, dass Selbstgefälligkeit alle großen Imperien ins Wanken gebracht hat, darunter – aber nicht darauf beschränkt – die Ägypter, Griechen, Römer, Spanier, Portugiesen, Franzosen und Engländer. Warum? Weil nichts so anfällig für Misserfolg ist wie Erfolg. Ehemals dominierende Großmächte sind genau aus diesem Grund gescheitert. Wenn der Mensch ein gewisses Maß an Erfolg erreicht hat, macht er es sich zu gemütlich.

Wenn wir ausgedehnte Phasen des Aufschwungs, der Gesundheit und des Wohlstands erleben, lehnen wir uns zurück. Wir hören auf, das zu tun, was uns so weit gebracht hat. Wir sind wie der Frosch im aufkochenden Wasser, der sich nicht durch einen Sprung aus dem Topf rettet, weil das Wasser so heimtückisch langsam warm wird, dass er gar nicht merkt, wie er gekocht wird! Wenn wir erfolgreich sein wollen, müssen wir das Arbeitsethos unserer Großeltern wiederentdecken.

Es ist Zeit, wieder an uns selbst zu arbeiten. Wenn schon nicht, um unser Land zu retten, dann zumindest für den eigenen Erfolg und die eigene Leistung. Glauben Sie nicht an den Geist in der Lampe. Wenn Sie das möchten, können Sie auf Ihrem Sofa sitzen und darauf warten, dass Ihnen Geld zufliegt, Kristalle aneinanderreiben, auf Feuer laufen, einen 2000 Jahre alten Guru herbeirufen oder Bekenntnisse herunterleiern, aber das meiste davon ist Hokuspokuskommerz, der Sie manipuliert, indem er Ihre Schwächen ausnutzt. Wahrer und anhaltender Erfolg bedarf Arbeit – und zwar viel davon!

Hier eine Geschichte, die das Nichts-schadet-mehr-als-Erfolg-Konzept zu illustrieren: Vor einiger Zeit eröffnete ein neues Restaurant in der Nähe meines Hauses am Strand in San Diego. Am Anfang war der Laden immer picobello, die Empfangsdame begrüßte jeden Gast mit einem breiten Lächeln, der Service war tadellos (der Geschäftsführer kam an den Tisch und erkundigte sich, ob alles in Ordnung war) und das Essen sensationell. Schon bald standen die Menschen vor dem Restaurant Schlange und warteten oft mehr als eine Stunde.

Dann begannen die Angestellten des Restaurants leider, diesen Erfolg als selbstverständlich anzusehen. Die Wirtin wurde arrogant, das Servicepersonal schlampig und kurz angebunden, und das Essen war von äußerst wechselhafter Qualität. Nach 18 Monaten musste das Restaurant schließen. Sie scheiterten an ihrem eigenen Erfolg. Oder vielmehr, weil sie aufhörten das zu tun, was sie am Anfang so erfolgreich gemacht hatte. Ihr Erfolg vernebelte ihnen die Perspektive, und sie ließen nach.

Die Mikrowellenmentalität

Die Gewinnerformel räumt mit der Vorstellung vom schnellen Erfolg auf, mit diesem Glauben, dass Erfolg so funktioniert wie Fastfood, wie die 30-Minuten-Fotoentwicklung, die Zustellung über Nacht, die Mikrowelleneier, heißes Wasser auf Knopfdruck und Textnachrichten. Es reicht jetzt, meinen Sie nicht auch?

Versprechen Sie sich, sich ein für alle Mal von diesen Lottogewinn-Erwartungen loszusagen. Denn, seien wir ehrlich, Sie hören nur von dem einen Gewinner, nicht von den Millionen Verlierern. Die Person, die man vor dem Glücksspielautomaten in Las Vegas oder an der Pferderennbahn in Ascot in die Luft springen sieht, erzählt uns nicht von den unzähligen Malen, die sie verloren hat. Wenn wir uns die rechnerischen Gewinnchancen anschauen, dann haben wir ein Rundungsergebnis von null – soll heißen, Sie haben so gut wie keine Chancen, zu gewinnen. Der Harvard Psychologe Daniel Gilbert – der Autor von *Ins Glück stolpern* – behauptet, dass es fast neun Jahre dauern würde, wenn jeder, der bei einer einzigen Lottoziehung verliert, 30 Sekunden Sendezeit im Fernsehen bekäme, um statt »Ich habe gewonnen« zu sagen »Ich habe verloren«.

Wenn Sie verstehen, wie die Gewinnerformel funktioniert, werden Sie nicht mehr auf das schnelle Geld oder das Patentrezept warten. Auch ein Starathlet musste sich regelmäßig durchbeißen und Tausende von Trainingsstunden absolvieren. Er stand für das Training früh auf – und trainierte noch lange, nachdem alle anderen schon gegangen waren. Er musste den großen Schmerz und Frust bei Niederlagen ertragen und die Einsamkeit, harte Arbeit und Enttäuschung, die damit einhergehen, die Nummer 1 zu werden.

Am Ende dieses Buches – oder vielleicht schon vorher – haben Sie es hoffentlich verinnerlicht, dass der einzige Weg zum Erfolg aus banaler, unattraktiver, öder und manchmal harter Disziplin besteht – jeden Tag und über einen längeren Zeitraum hinweg. Sie sollten aber auch wissen, dass die Erfolge, das Leben und der Lebensstil, die Sie sich erträumen, wahr werden können, wenn Sie die Gewinnerformel für sich nutzen. Wenn Sie die Prinzipien der Gewinnerformel anwenden, werden Sie sich Ihr eigenes Happy End erarbeiten! Siehe Abbildung 2.

Abb. 2

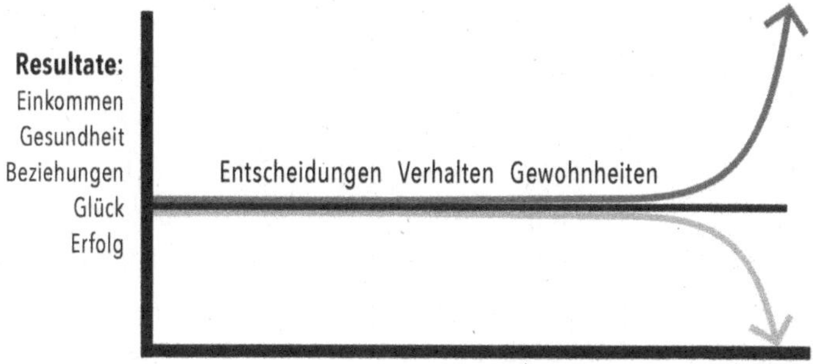

Die Gewinnerformel funktioniert immer. Sie können sie entweder für sich arbeiten lassen oder ignorieren und die negativen Auswirkungen dieses mächtigen Prinzips erleben. Es spielt keine Rolle, wo auf diesem Diagramm Sie sich befinden. Fangen Sie einfach heute damit an, einfache, kleine, positive Veränderungen zu machen, und erlauben Sie der Gewinnerformel, Sie dorthin zu bringen, wo Sie hinwollen.

Ist klar geworden, was ich damit sagen will? Gut. Im nächsten Kapitel werden wir uns auf die eine Sache konzentrieren, die Ihr Leben bestimmt. Sieg oder Niederlage, Triumph oder Versagen, es beginnt immer damit. Alles, was Sie jetzt gerade in Ihrem Leben haben oder nicht haben, hat damit zu tun. Lernen Sie, diese Sache zu ändern, und Sie werden Ihr Leben ändern. Lassen Sie uns herausfinden, worum es geht …

So arbeitet die Gewinnerformel für Sie

Ihr Aktionsplan zusammengefasst

★ Schreiben Sie ein paar Ausreden auf, an die Sie sich vielleicht klammern (zum Beispiel: nicht klug genug, keine Erfahrung, falsche Erziehung, fehlende Bildung etc.). Nehmen Sie sich vor, mit harter Arbeit und Persönlichkeitsentwicklung jeden Konkurrenten zu schlagen – auch Ihr früheres Ich.

★ Seien Sie Scott: Schreiben Sie sich ein halbes Dutzend kleiner, scheinbar folgenloser Schritte auf, die Sie jeden Tag machen können und die Ihrem Leben eine komplett neue und positive Richtung geben.

★ Seien Sie nicht Brad: Schreiben Sie die kleinen, scheinbar folgenlosen Angewohnheiten auf, die Sie ablegen können, um Ihrem Leben keine negative Richtung zu geben.

★ Machen Sie eine Liste der Bereiche, Fertigkeiten oder Tätigkeiten, bei denen Sie bis jetzt am erfolgreichsten waren. Überlegen Sie sich, ob Sie davon etwas für selbstverständlich halten, nicht mehr daran arbeiten und Sie daher Gefahr laufen, an Ihrer Selbstgefälligkeit zu scheitern.

KAPITEL 2
ENTSCHEIDUNGEN

Wir alle kommen gleich auf die Welt: nackt, verängstigt und unwissend. Nach diesem großen Auftritt ist das Leben, das wir führen, letztendlich ein Produkt all der Entscheidungen, die wir treffen. Sie können unsere besten Freunde oder unsere schlimmsten Feinde sein. Sie können uns an unsere Ziele bringen oder uns in eine weit entfernte Galaxie katapultieren.

Denken Sie mal darüber nach. Alles in Ihrem Leben existiert, weil Sie sich für etwas *entschieden* haben. Entscheidungen stehen am Anfang eines jeden Ergebnisses. Jede Entscheidung löst ein Verhalten aus, das mit der Zeit zu einer Gewohnheit wird. Falsche Entscheidungen können einen schnell wieder zurück an den Anfang versetzen, von wo man dann gezwungen ist, neue, häufig schwierigere Entscheidungen zu treffen. Keine Entscheidungen zu treffen bedeutet, dass man sich dafür entscheidet, der passive Empfänger von dem zu sein, was auf einen zukommt.

Im Grunde treffen Sie die Entscheidungen, und dann treffen die Entscheidungen Sie. Jede Entscheidung, egal wie groß, ändert den Kurs Ihres Lebens – ob Sie studieren oder nicht; wen Sie heiraten; ob Sie das letzte Glas noch trinken, bevor Sie sich ins Auto setzen; ob Sie mitlästern oder schweigen; ob Sie noch einen weiteren Anruf tätigen oder Feierabend machen; ob Sie »Ich liebe dich« sagen oder den Moment verpassen. Jede Entscheidung hat Einfluss auf die Gewinnerformel Ihres Lebens.

In diesem Kapitel geht es darum, dass Sie sich dessen bewusst werden und die richtigen Entscheidungen für Ihr Leben treffen. Das klingt zwar kompliziert, aber Sie werden erstaunt sein, wie einfach es ist. In Zukunft werden nicht mehr 99 Prozent Ihrer Entscheidungen unbewusst sein. Die meisten Ihrer täglichen Routinen und Rituale werden nicht mehr die bloße Folge Ihrer Programmierung sein. Sie werden sich fragen (und eine Antwort darauf geben können): »Wie viele meiner Verhaltensweisen habe ich nicht gewählt? Was mache ich jeden Tag, obwohl ich mich nicht bewusst dazu entschieden habe?«

Wie das funktioniert? Indem Sie die gleichen idiotensicheren Strategien anwenden, durch die ich mein Leben und meine Karriere nach vorne katapultiert habe. Gestärkt durch die Gewinnerformel wird es Ihnen gelingen, sich aus dem festen Griff der Entscheidungen zu befreien, die Ihr Leben dirigieren und Sie in die falsche Richtung leiten. Sie werden auf die Stopptaste drücken können, bevor Sie ins Idiotenterritorium stolpern. Sie werden jedes Mal erleben, wie wohltuend es ist, Entscheidungen zu treffen, die zu Verhaltensweisen und Gewohnheiten führen, die Sie unterstützen.

Ihr Problem ist nicht, dass Sie bewusst die falschen Entscheidungen getroffen haben. Himmel, das wäre einfach geradezubiegen. Ihr Problem ist, dass Sie durch Ihre Entscheidungen *schlafwandeln*. Die Hälfte der Zeit ist Ihnen gar nicht klar, dass Sie sie treffen! Unsere Entscheidungen werden oft von unserer Kultur und Erziehung beeinflusst. Manchmal sind sie so verflochten mit unserer Routine und unseren Gewohnheiten, dass sie scheinbar unkontrollierbar sind. Ist Ihnen zum Beispiel schon einmal Folgendes passiert: Sie gehen Ihren Geschäften nach, genießen das Leben und treffen ganz plötzlich eine dumme Entscheidung oder eine Reihe von Entscheidungen, die am Ende Ihre harte Arbeit und Ihre Dynamik zerstört, alles ohne ersichtlichen Grund? Sie hatten nicht die Absicht, sich selbst zu sabotieren. Aber indem Sie nicht über Ihre Entscheidungen nachgedacht und die Risiken und den potenziellen Ausgang nicht abgewogen haben, sind Sie nun mit den ungewollten Konsequenzen konfrontiert. Niemand *beabsichtigt*, übergewichtig zu werden, Insolvenz anzumelden oder sich scheiden zu lassen, aber häufig (wenn nicht sogar immer) sind diese Folgen das Ergebnis einer Reihe von kleinen, schlechten Entscheidungen.

Elefanten beißen nicht

Wurden Sie schon einmal von einem Elefanten gebissen? Nein? Und von einer Mücke? Es sind die kleinen Dinge im Leben, die Sie beißen werden. Hin und wieder sehen wir, wie große Fehler die Karriere oder das Ansehen von einem Moment auf den anderen beenden können – der berühmte Comedian, der bei einem Routine-Stand-up rassistisch ausfällig wird; der betrunkene, einst gefeierte Humanist, der antisemitische Zoten zum Besten gibt; der erzkonservative Senator, der auf einer Toilette beim Sex mit einem Mann erwischt wird; die bewunderte Tennisspielerin, die – ganz untypisch für sie – einen Offiziellen mit Schimpfwörtern bombardiert. Ganz klar, diese Art von schlechten Entscheidungen haben große Auswirkungen. Sollten Sie sich früher einmal so einen Patzer geleistet haben, kann ich Sie beruhigen – uns geht es hier nicht um die außergewöhnlich großen Rückfälle oder einzelne tragische Momente.

Für die meisten von uns sind die häufigen kleinen und scheinbar folgenlosen Entscheidungen viel gefährlicher. Ich rede über Entscheidungen, von denen Sie denken, dass sie gar nicht ins Gewicht fallen. Es sind die kleinen Dinge, die unseren Erfolg zwangsläufig und vorhersehbar vereiteln. Egal ob es sich da um sturköpfige Manöver, ein Ist-doch-nichts-dabei-Verhalten oder als positiv getarnte Entscheidungen (besonders heimtückisch) handelt, diese scheinbar unbedeutenden Entscheidungen können Sie komplett aus der Bahn werfen, weil Sie nicht auf sie achten. Sie lassen sich mitreißen, driften ab und nehmen die kleinen Handlungen nicht mehr wahr, die Sie vom Kurs abbringen. Die Gewinnerformel funktioniert, so viel steht fest. Sie funktioniert *immer*, erinnern Sie sich? Aber in diesem Fall funktioniert sie zu Ihrem Nachteil, weil Sie … schlafwandeln.

Zum Beispiel: Sie inhalieren ein Softgetränk und eine Tüte Chips und realisieren plötzlich, nachdem Sie den letzten Chip vertilgt haben, dass Sie Ihre gesunde Ernährung für diesen Tag in die Tonne treten können – und Sie waren nicht einmal hungrig. Sie versacken für zwei Stunden vor dem Fernseher – wollen wir Ihnen mal zugestehen, dass Sie einen Dokumentarfilm schauen –, bevor Ihnen einfällt, dass Sie sich eigentlich für eine Präsentation hätten vorbereiten müssen, um einen wertvollen Kunden an Land zu ziehen. Oder: Sie belügen einen geliebten Menschen – aus Reflex und ohne Grund –, obwohl die Wahrheit kein Problem gewesen wäre. Was ist da los?

Sie haben es zugelassen, dass Sie eine Entscheidung treffen, ohne darüber nachzudenken. Solange Sie Entscheidungen unbewusst treffen, können Sie sich nicht bewusst dazu entscheiden, ineffektives Verhalten in produktive Gewohnheiten zu verwandeln. Es ist Zeit, AUFZUWACHEN und Entscheidungen zu treffen, die Sie stärken.

An jedem Tag ist Thanksgiving

Es ist leicht, mit dem Finger auf andere zu zeigen, nicht wahr? »Ich komme nicht voran, weil mein Chef eine Niete ist.« Und: »Ich hätte die Beförderung bekommen, wenn der Kollege mir nicht in den Rücken gefallen wäre.« Oder: »Ich habe immer so schlechte Laune, weil meine Kinder mich verrückt machen.« Besonders in Liebesdingen sind wir ganz groß im Mit-dem-Finger-auf-andere-Zeigen – Sie wissen schon, der *andere* muss sich ändern, nicht man selbst.

Vor ein paar Jahren beschwerte sich einer meiner Freunde über seine Frau. Aus meiner Sicht war sie großartig, und er konnte sich glücklich schätzen, sie zu haben. Ich sagte ihm das auch, aber er listete einfach weiter auf, warum sie für seine Unzufriedenheit verantwortlich war. Da erzählte ich ihm von einer Erfahrung, die meine Ehe im wahrsten Sinne des Wortes verändert hatte. An einem Thanksgiving entschied ich mich dazu, für meine Frau ein Dankbarkeits-Tagebuch zu führen. Ein ganzes Jahr lang schrieb ich jeden Tag mindestens eine Sache auf, die ich an ihr schätzte – wie sie mit ihren Freunden umging, sich um unsere Hunde kümmerte, das Bett jeden Morgen machte, köstliches Essen aus dem Nichts zauberte; oder die Art, wie sie ihr Haar an dem Tag trug – was auch immer. Ich schrieb das auf, was mich berührte oder was die äußeren Merkmale, Charaktereigenschaften und Vorzüge beschrieb, die ich an ihr mochte. Ich führte das Tagebuch heimlich, ein Jahr lang. Am Schluss hatte ich ein ganzes Notizbuch vollgeschrieben.

Als ich es ihr am darauffolgenden Thanksgiving gab, weinte sie und sagte, es sei das beste Geschenk, das sie jemals bekommen habe (sogar besser als der BMW, den ich ihr zum Geburtstag geschenkt hatte!). Das Spannende ist, dass die Person, die von diesem Geschenk am meisten beeinflusst wurde, ich selbst war. Das tägliche Schreiben hatte mich dazu gezwungen, mich auf die positiven Seiten meiner Frau zu konzentrieren. Ich suchte bewusst nach allem, was sie »richtig« machte. Dieser innere Fokus ließ alles andere, über das ich mich vielleicht sonst beschwert hätte, in den Hintergrund treten. Ich verliebte mich noch einmal so richtig in sie (vielleicht sogar mehr als jemals zuvor, da ich nun auch die Feinheiten in ihrem Wesen und ihrem Verhalten sah, nicht nur die offensichtlichen Vorzüge). Die Wertschätzung, Dankbarkeit und die Absicht, das Beste in ihr zu sehen, begleiteten mich jeden Tag. Das führte dazu, dass ich mich in meiner Ehe anders verhielt, was natürlich meine Frau anders auf mich reagieren ließ. Schon bald hatte ich noch mehr Material für mein Dankbarkeits-Tagebuch. Nur weil ich mich dafür entschieden hatte, lediglich fünf Minuten eines jeden Tages dafür aufzuwenden, all die Gründe zu dokumentieren, für die ich ihr dankbar war, erlebten wir eines der besten Jahre unserer Ehe, und es ist seitdem nur besser geworden.

Nachdem ich meinem Freund davon erzählt hatte, beschloss er, für seine Frau auch ein Dankbarkeits-Tagebuch zu führen. Schon nach wenigen Monaten lief es in seiner

Ehe wieder. Indem er entschlossen nach den Vorzügen seiner Frau suchte und sich auf sie konzentrierte, veränderte sich nicht nur sein Bild von ihr, sondern auch sein Verhalten ihr gegenüber. Als Konsequenz entschied auch sie stets aufs Neue, anders auf ihn zu reagieren. Und so schloss sich der Kreis.

★ Mithilfe der Fragen des Dankbarkeits-Checks auf Seite 231 können Sie ermitteln, wofür Sie dankbar sind.

Stehen Sie zu 100 Prozent für sich ein

Wir alle sind aus eigener Kraft dorthin gekommen, wo wir sind, aber nur die Erfolgreichen heimsen den Ruhm dafür ein. Ich war 18 Jahre alt, als ich in einem Seminar das Konzept der persönlichen Verantwortung kennenlernte, und es veränderte mein Leben von Grund auf. Wenn Sie den Rest dieses Buches wegwerfen und nur dieses eine Konzept in die Tat umsetzen würden, dann wären die Veränderungen in Ihrem Leben in zwei bis drei Jahren so groß, dass Ihre Freunde und Familie Schwierigkeiten hätten, sich an Ihr »früheres Ich« zu erinnern.

Bei diesem Seminar, das ich damals besuchte, fragte der Referent, wie Verantwortung verteilt sein müsse, damit eine

Beziehung funktioniert. Als Teenager war ich ein Experte in Liebesdingen. Natürlich hatte ich all die Antworten.

»50/50!«, platzte ich heraus. Es war doch glasklar: Beide Partner müssen bereit sein, die Verantwortung zu gleichen Teilen zu tragen, oder einer wird über den Tisch gezogen.

»51/49«, rief jemand anderes und argumentierte, dass man bereit sein sollte, mehr zu tun als der Partner. Sind Aufopferung und Großzügigkeit nicht die Grundpfeiler einer Beziehung?

»80/20«, kam es aus einer anderen Ecke.

Der Seminarleiter ging zurück zu seinem Pult und schrieb in großen schwarzen Zahlen »100/0« auf ein Papier. »Sie müssen bereit sein, 100 Prozent zu geben, mit null Erwartungen, eine Gegenleistung zu erhalten«, sagte er. »Nur wenn Sie bereit sind, 100 Prozent der Verantwortung für die Beziehung zu übernehmen, wird sie auch funktionieren. Eine Beziehung, die sich selbst überlassen bleibt, wird immer fragil sein.«

Wow. Damit hatte ich nicht gerechnet! Aber ich verstand recht schnell, wie dieses Konzept jeden Bereich meines Lebens verändern konnte. Wenn ich für alles *immer* zu 100 Prozent die Verantwortung übernahm – also voll und ganz hinter meinen Entscheidungen und meinen Reaktionen stand –, dann hatte ich die Macht. Alles lag in meiner Hand. Ich war für all mein Tun oder Nicht-Tun verantwortlich und für meine Reaktionen auf das, was mir widerfuhr.

Sie glauben, Sie übernehmen die Verantwortung für Ihr Leben, ich weiß. Die Person muss man erstmal finden, die auf diese Frage nicht antwortet: »Natürlich übernehme ich die Verantwortung für mein Leben«. Aber dann schaut man sich an, wie die meisten Menschen auf der Welt agieren. Da wird viel mit dem Finger auf andere gezeigt, es gibt viele Opfer, viele Schuldzuweisungen und die Erwartung, dass jemand anderes oder die Regierung die Probleme löst. Wenn Sie jemals den Verkehr dafür verantwortlich gemacht haben, dass Sie zu spät kamen, oder beschlossen haben, schlecht gelaunt zu sein wegen irgendetwas, das Ihr Kind, Ihre Frau oder Ihre Kollegen getan haben, dann übernehmen Sie nicht zu 100 Prozent Verantwortung. Sie kamen zu spät, weil der Drucker überlastet war? Vielleicht hätten Sie es nicht bis zur letzten Minute aufschieben sollen? Ihr Kollege hat die Präsentation verhunzt? Hätten Sie sie nicht noch einmal prüfen müssen, bevor Sie sie vortragen? Sie kommen mit Ihrem uneinsichtigen Teenager nicht zurecht? Es gibt unzählige fantastische Bücher und Seminare, die Ihnen in solchen Situationen helfen.

Sie allein sind verantwortlich für das, was Sie *tun*, was Sie *nicht tun* oder wie Sie auf das *reagieren*, was Ihnen geschieht. Diese Denkweise stärkte mich und revolutionierte mein Leben. Glück, die Umstände oder die richtige Situation zählen nicht. Wenn etwas sein sollte, dann lag es an mir, es zu ermöglichen. Ich fühlte mich frei wie ein Vogel. Egal, wer ins Weiße Haus gewählt wurde, wie schlecht es der Wirtschaft ging oder was irgendwer sagte, machte oder nicht machte, ich war zu 100 Prozent *Herr meiner Lage*. Indem ich beschloss, die Rolle des Opfers offiziell und für immer abzulehnen, knackte ich den Jackpot. Ich hatte die unbegrenzte Macht, mein Schicksal zu kontrollieren.

Glück gehabt?

Vielleicht glauben Sie, dass Sie bisher einfach nur Pech hatten. Aber das ist im Grunde nur eine weitere Ausrede. Der einzige Unterschied zwischen »unglaublich reich, glücklich und gesund« und »pleite, depressiv und krank« liegt in den Entscheidungen, die Sie in Ihrem Leben treffen. Denn mit dem Glück verhält es sich so: Wir alle haben es. Wenn Sie auf der richtigen Seite stehen, gesund sind und genug Lebensmittel im Schrank haben, dann können Sie sich sehr glücklich schätzen. Jeder hat die Möglichkeit, »Glück zu haben«, denn Glück – anders als die Grundpfeiler Gesundheit und Nahrung – ist einfach nur die Summe unserer Entscheidungen.

Als ich Richard Branson fragte, ob Glück eine Rolle bei seinem Erfolg spielte, antwortete er: »Ja klar, wir alle haben Glück. Wenn Sie in einer freiheitlichen Gesellschaft leben, haben Sie Glück. Glück umgibt uns jeden Tag, uns passieren ständig glückliche Zufälle, die Frage ist, ob man sie als solche erkennt oder nicht. Ich hatte nicht mehr oder weniger Glück als irgendjemand anderes. Der Unterschied ist, dass ich mein Glück am Schopf gepackt habe.«

Weise Worte. Da wir schon bei diesem Thema sind: Meiner Meinung nach greift der Sinnspruch »Glück ist, was passiert, wenn Vorbereitung auf Gelegenheit trifft« nicht weit genug. Ich glaube, es gibt zwei weitere kritische Komponenten von »Glück«.

Die (vollständige) Glücksformel:

Vorbereitung (persönliche Entwicklung) +
Einstellung (Glauben/Denkweise) +
Gelegenheit (eine sich ergebende Chance) +
Tatkraft (etwas dafür tun) =
Glück

Vorbereitung: Seien Sie immer vorbereitet und arbeiten Sie stets an sich – an Ihren Fähigkeiten, Ihrem Fachwissen, Ihren Beziehungen und Ihren Ressourcen. So haben Sie alles, was Sie brauchen, wenn sich die große Chance ergibt (wenn »das Glück kommt«). Seien Sie wie der Profigolfer Arnold Palmer, der einmal sagte: »Es ist lustig, je mehr ich trainiere, desto mehr Glück habe ich.«

Einstellung: Bei der Einstellung hapert es bei vielen Menschen, und hier hat Sir Richard vollkommen recht, wenn er sagt, dass wir alle von Glück umgeben sind. Es hängt ganz einfach davon ab, ob man Situationen, Gespräche und Umstände als glücklich betrachtet. Sie können nicht sehen, was Sie nicht suchen, und Sie können nichts suchen, an das Sie nicht glauben.

Gelegenheit: Es ist möglich, seines Glückes Schmied zu

sein. Aber das Glück, von dem ich hier spreche, ist nicht planbar, beziehungsweise es kommt schneller oder anders, als erwartet. In dieser Phase der Formel wird Glück nicht erzwungen. Es ist ein natürliches Phänomen, und es scheint meist von allein zu kommen.

Tatkraft: Hier sind Sie an der Reihe. Wie auch immer Sie zu Ihrem Glück kamen – durch das Universum, Gott, das Heinzelmännchen oder einen anderen Glücksbringer –, jetzt ist es an Ihnen, entsprechend zu handeln. Das trennt die Richard Bransons von den Joseph Wallingtons. Joseph wer? Genau. Sie haben noch nie von ihm gehört. Das liegt daran, dass er es versäumte, auf all die glücklichen Zufälle zu reagieren, die sich ihm boten.

Schluss also mit dem Gejammer über die schlechten Karten, die Sie in der Hand halten, die großen Niederlagen, die Sie erlitten haben, oder andere widrige Umstände. Unzählige Menschen sind stärker benachteiligt und mit mehr Hindernissen konfrontiert als Sie, und trotzdem sind sie wohlhabender und erfüllter. Glück verteilt die Gelegenheiten gerecht. Wir können uns alle darin sonnen, aber wir müssen dafür gen Himmel blicken und nicht den Sonnenschirm aufmachen. Wenn der Moment gekommen ist, liegt alles an Ihnen. Da führt kein Weg daran vorbei.

Die hohen Studiengebühren der UHRS (Universität der Harten Rückschläge)

In den frühen 2000ern fragte man mich, ob ich Partner eines neuen Start-ups werden wollte. Daraufhin steckte ich eine beträchtliche Summe Geld und fast zwei Jahre harter Arbeit in das Projekt, um dann herauszufinden, dass mein Partner schlecht gewirtschaftet und das ganze Geld verschleudert hatte. Ich verlor mehr als 330.000 Dollar. Ich versuchte nicht, ihn zu verklagen. Tatsächlich lieh ich ihm später wegen einer persönlichen Angelegenheit noch mehr Geld. Denn im Endeffekt trug ich die Schuld an der Situation. Ich hatte mich darauf eingelassen, sein Partner zu werden, ohne mich gründlich über seine Person und seinen Charakter zu informieren. Als wir zusammen Geschäfte machten, überprüfte ich meine Annahmen nicht. Eine Rechtfertigung ist vielleicht, dass ich ihm vertraute, aber in Wahrheit war ich faul und kontrollierte die Finanzen nicht sorgfältig genug. Ich hatte nicht nur die Entscheidung getroffen, eine geschäftliche Partnerschaft mit ihm einzugehen, ich hatte die vielen Entscheidungen getroffen, rote Fahnen und Warnsignale zu ignorieren. Weil ich beschlossen hatte, nicht die volle Verantwortung für das Unternehmen zu übernehmen, war ich letztendlich schuld an den Folgen. Als ich von seinen Verfehlungen erfuhr, entschied ich, keine weitere Zeit damit zu verschwenden, dagegen anzugehen. Stattdessen leckte ich meine Wunden, lernte aus meinem Fehler und ließ los. Zurückblickend würde ich die gleiche Entscheidung treffen: loslassen und weitermachen.

Ich fordere Sie nun dazu auf, das Gleiche zu tun. Egal, was Ihnen widerfahren ist, übernehmen Sie die volle Verantwortung dafür – gut oder schlecht, Sieg oder Niederlage. Stehen Sie dazu. Mein Mentor Jim Rohn sagte: »Der Tag, an dem du die volle Verantwortung für dein Leben übernimmst, ist der Tag, an dem du deine Kindheit hinter dir lässt.«

Heute ist dieser Tag! Beschließen Sie, ab heute zu 100 Prozent für Ihr Leben verantwortlich zu sein. Schluss mit all den Ausreden. Begrüßen Sie die Tatsache, dass Ihre Entscheidungen Sie frei machen, solange Sie persönlich dafür Verantwortung übernehmen.

Es ist an der Zeit, sich dafür zu entscheiden, die Kontrolle zu übernehmen.

Ihre Geheimwaffe: Die Scorekarte

Ich werde Sie nun mit einer der besten Strategien vertraut machen, die ich bisher für meine persönliche Entwicklung angewendet habe. Diese Strategie hilft mir dabei, die Kontrolle über meine täglichen Entscheidungen zu behalten, was dazu führt, dass sich der Rest *von selbst* ergibt. Mein Verhalten und meine Handlungen bringen meine Gewohnheiten auf Spur, wie pflichtbewusste, loyale Untertanen.

Jetzt, in diesem Moment: Wählen Sie einen Bereich in Ihrem Leben aus, in dem Sie erfolgreich sein wollen. Wollen Sie mehr Geld auf der Bank? Eine schlankere Taille? Die Ausdauer, bei einem Ironman anzutreten? Eine bessere Beziehung zu Ihrer Frau oder den Kindern? Stellen Sie sich vor, wo Sie gerade in diesem Bereich stehen, jetzt. Stellen Sie sich nun vor, wo Sie sein wollen: reicher, dünner, glücklicher, was auch immer. Erkenntnis ist der erste Schritt zur Veränderung. Wenn Sie von dort, wo Sie jetzt stehen, an Ihr Ziel gelangen wollen, müssen Sie die Entscheidungen kennen, die Sie von Ihrem gewünschten Ziel abbringen. Werden Sie sich jeder Entscheidung bewusst, die Sie treffen, damit Sie damit anfangen können, in Zukunft klug zu entscheiden.

Dafür möchte ich, dass Sie *jede Handlung*, die sich auf den Lebensbereich bezieht, den Sie verbessern wollen, *tracken*. Wenn Sie beschlossen haben, Ihre Schulden zu tilgen, werden Sie jeden Cent notieren, den Sie aus Ihrer Tasche holen. Wenn Sie beschlossen haben abzunehmen, werden Sie alles aufschreiben, was Sie in Ihren Mund stecken. Wenn Sie beschlossen haben, für einen Wettkampf zu trainieren, dann halten Sie jeden Schritt, den Sie gehen, und jedes Training schriftlich fest, wie der Golfspieler auf seiner Scorekarte. Tragen Sie dafür einfach einen Stift und ein kleines Notizbuch bei sich. Schreiben Sie alles auf. Jeden Tag. Ohne einmal auszusetzen. Keine Ausreden, keine Ausnahmen. *Big brother is watching you.* Stellen Sie sich einfach vor, mein Vater und ich kämen vorbei und ließen Sie 100 Push-ups machen, sollten Sie einmal aussetzen.

Es klingt nicht sonderlich anstrengend, Sachen auf ein kleines Stück Papier zu schreiben, ich weiß. Aber dass ich meine Fortschritte und meine Fehltritte notiert habe, ist einer der Gründe meines Erfolgs. Das Tracking zwingt einen dazu, sich seiner Entscheidungen bewusst zu werden. Aber, wie Jim Rohn sagen würde: »Was einfach zu machen ist, ist auch einfach nicht zu machen.« Die Magie liegt nicht in der Komplexität der Aufgabe, die Magie liegt darin, einfache Dinge so lange zu wiederholen, bis Sie die Kraft der Gewinnerformel entfesseln. Hüten Sie sich also davor, die kleinen Dinge zu vernachlässigen, die die großen Dinge in Ihrem Leben ermöglichen. Der größte Unterschied zwischen erfolgreichen und erfolglosen Menschen ist, dass erfolgreiche Menschen bereit sind, das zu tun, was erfolglose Menschen nicht tun wollen. Merken Sie sich das. Es wird Ihnen noch so manches Mal eine Hilfe sein, wenn Sie ungeliebte oder schwierige Entscheidungen zu treffen haben.

Die Geldfalle

Was Tracking für einen positiven Effekt hat, habe ich erst gelernt, als ich bereits meine Finanzen vermasselt hatte. Ich war Anfang 20 und verdiente viel Geld damit, Immobilien zu verkaufen. Eines Tages traf ich mich mit meinem Steuerberater.

»Wir sind dem Staat mehr als 100.000 Dollar Steuern schuldig«, sagte er zu mir.

»Was??«, rief ich, »So viel Geld habe ich nicht einfach so herumliegen.«

»Warum nicht?«, fragte er mich. »Sie haben doch das Vielfache davon eingenommen. Sie haben doch sicher die darauf anfallende Steuer zur Seite gelegt.«

»Offensichtlich nicht«, antwortete ich.

»Wo ist das Geld denn hin?«, fragte er.

»Ich weiß es nicht«, sagte ich. Ein ernüchterndes Bekenntnis, ganz klar. Das Geld war mir in den Händen zerronnen, und ich hatte es nicht einmal gemerkt!

Dann tat mir mein Steuerberater einen großen Gefallen.

»Junge«, sagte er mit kühlem Blick, »das müssen Sie in den Griff bekommen. Ich habe das schon hundert Mal erlebt. Sie geben Ihr Geld wie ein betrunkener Idiot aus und wissen nicht einmal, wo es hinging. Das ist dumm. Hören Sie damit auf. Sie haben jetzt ein Problem. Sie müssen mehr Geld verdienen, auf das dann wieder zusätzliche Steuern anfallen, nur um die Steuer aus dem letzten Jahr bezahlen zu können. Wenn Sie so weitermachen, graben Sie sich mit Ihrem eigenen Geldbeutel Ihr finanzielles Grab.«

Ich verstand sofort.

Und das riet mir mein Steuerberater: Ich sollte ein kleines Notizbuch in meiner Hosentasche tragen und 30 Tage lang jeden einzelnen Cent aufschreiben, den ich ausgab. Ob es nun 1000 Dollar für einen neuen Anzug waren oder 50 Cent für das Aufpumpen meiner Autoreifen, alles musste in das Notizbuch. Wow! Das sorgte umgehend dafür, dass ich mir der vielen unbewussten Entscheidungen bewusst wurde, die mir das Geld zwischen den Fingern zerrinnen ließen. Da ich alles schriftlich festhalten musste, kaufte ich manche Sachen nicht.

Einfach aus dem Grund, weil ich sonst mein Notizbuch hätte herausholen müssen.

Das 30-Tage-Tracking meiner Ausgaben festigte mein neues Bewusstsein und veränderte mein Verhalten sowie meine Entscheidungen beim Geldausgeben. Und da Bewusstsein und positive Verhaltensweisen zusammenwirken, wurde ich plötzlich insgesamt proaktiver in Geldfragen. Ich legte mehr für die Rente zurück, sparte dort, wo ich eindeutig verschwenderisch war, und genoss den Spaßquotienten von Geld – das »Spielgeld« – umso mehr. Wenn ich zu spielerischen Zwecken Geld in die Hand nehmen wollte, dann machte ich das nur nach *reiflicher* Überlegung.

Das Notieren meiner Ausgaben machte mir auch deutlich, was ich für ein Verhältnis zu Geld hatte. Es funktionierte tatsächlich so gut, dass ich es danach noch oft in anderen Lebensbereichen angewendet habe. Tracking ist jetzt meine Standardstrategie, um alles zu verändern, was mich stört. Mit den Jahren habe ich notiert, was ich esse und trinke, wie viel ich trainiere, wie viel Zeit ich damit verbringe, meine Fähigkeiten auszubauen, die Zahl meiner Kundengespräche und sogar die Fortschritte in meinen Beziehungen zu Familie, Freunden oder meiner Frau. Die Folgen waren nicht weniger tiefgreifend als die meines Finanztrackings.

Wenn Sie dieses Buch gekauft haben, dann bezahlen Sie mich eigentlich für meine Meinung, meine Anleitung. An diesem Punkt werde ich darauf bestehen, dass Sie Ihre Verhaltensweisen nachverfolgen, zumindest für eine ganze Woche.

Dieses Buch ist nicht dafür bestimmt, Sie zu unterhalten, es ist dafür gedacht, Ihnen Erfolge zu bescheren. Und dafür müssen Sie mit anpacken.

Sie haben vielleicht schon mal von der Methode des Trackings gehört. Vielleicht haben Sie sogar schon mal eine eigene Variante dieser Übung ausprobiert. Aber ich wette, Sie machen es gerade nicht, richtig? Woher ich das weiß? *Weil Ihr Leben nicht so erfolgreich läuft, wie Sie es sich wünschen.* Sie sind vom Weg abgekommen. Durch das Tracking können Sie Ihren Kurs korrigieren.

Wissen Sie, wie Kasinos in Las Vegas so viel Geld verdienen? Sie tracken jeden Tisch, jeden Gewinner, jede Stunde. Und warum werden die Trainer von Olympia-Athleten so gut bezahlt? Weil sie jedes Work-out, jede Kalorie und jeden Mikronährstoff ihres Athleten tracken. Alle Sieger sind Tracker. Und jetzt möchte ich, dass Sie Ihr Leben mit der gleichen Absicht tracken: Ihre Ziele in Sichtweite zu bringen.

Tracking ist eine einfache Übung. Aber es funktioniert, da wir ständig wissen, was wir in dem Bereich unseres Lebens tun, den wir ändern wollen. Es wird Sie überraschen, was Sie an Ihrem Verhalten beobachten werden. Sie können nichts managen oder verbessern, was Sie nicht gemessen haben. Genauso wenig können Sie das Beste aus sich herausholen – aus Ihren Talenten, Ressourcen und Fähigkeiten –, solange Sie sich Ihrer Handlungen nicht bewusst sind und keine Verantwortung für sie übernehmen. Jeder Profisportler oder sein Trainer trackt jede seiner Leistungen, bis ins kleinste Detail.

Die Pitcher beim Baseball kennen die Statistik aller Würfe in ihrem Repertoire. Golfspieler haben sogar noch mehr technische Daten zu ihren Schlägen. Dank der Trackingergebnisse wissen professionelle Athleten, wie sie ihre Leistung verbessern können. Sie kontrollieren ihre Aufzeichnungen und nehmen dementsprechend Änderungen vor. Denn sie wissen: Wird ihre statistische Leistung besser, gewinnen sie mehr Spiele und können lukrativere Sponsorenverträge abschließen.

Ich möchte, dass Sie zu jedem Zeitpunkt wissen, wie es um Ihre Leistung steht. Ich bitte Sie, sich so zu tracken, als wären Sie ein wertvolles Gut. Weil Sie das sind. Sie wünschen sich das idiotensichere System, über das wir vorhin gesprochen haben? Das ist es. Also, unabhängig davon, ob Sie glauben, dass Sie sich Ihrer Gewohnheiten bewusst sind oder nicht (glauben Sie mir, Sie sind es nicht!), bitte ich Sie, mit dem Tracking anzufangen. Es wird Ihr Leben und letzten Endes Ihren Lebensstil revolutionieren.

Langsam und bequem ans Ziel

Keine Panik. Wir beginnen in einem einfachen, entspannten Tempo. Tracken Sie einfach *eine* Woche lang *eine* Gewohnheit. Fangen Sie mit der Gewohnheit an, die die größte Kontrolle über Sie hat. Wenn Sie zum ersten Mal die Früchte der Gewinnerformel ernten, werden Sie diese Methode wahrscheinlich auch auf andere Lebensbereiche anwenden *wol-*

len. In anderen Worten, Sie werden sich für das Tracking *entscheiden.*

Sagen wir einmal, Sie entscheiden sich dafür, Ihre Ernährung zu tracken, da Sie abnehmen wollen. Ihre Aufgabe ist es jetzt, alles zu notieren, was Sie zu sich nehmen: also Ihr Abendessen mit Steak, Kartoffeln und Salat, aber auch die vielen kleinen Entscheidungen an diesem Tag (die Handvoll Salzstangen im Büro, die zweite Scheibe Käse auf Ihrem Sandwich, der extra große Schokoriegel, die Probierhäppchen im Supermarkt und die Gläser Wein auf der Party am Abend). Vergessen Sie die Getränke nicht. Auch sie enthalten Kalorien. Und wenn man sie nicht mit aufnimmt, blendet man sie leicht aus oder vergisst sie, weil sie scheinbar so wenig ausmachen. Nochmal: Diese Sachen einfach nur aufzuschreiben scheint simpel - und das ist es –, ABER NUR, WENN SIE ES AUCH TUN. Deswegen ist es mir wichtig, dass Sie sich für eine Kategorie entscheiden und überlegen, an welchem Tag Sie anfangen wollen - jetzt, *bevor Sie die nächste Seite lesen.*

Ich werde am ________________ [Tag/Monat/Jahr] damit

anfangen, mein/e ____________________ zu tracken.

Wie soll dieses Tracking aussehen? Es sollte gründlich sein, also organisiert. Und erbarmungslos, also konsequent. Beginnen Sie jeden Tag eine neue Seite, das Datum sollte immer oben stehen.

Was passiert nach der ersten Woche des Trackings? Wahrscheinlich werden Sie einen Schock bekommen. Sie werden erstaunt sein, wie sehr die Kalorien, Cents oder Minuten an Ihnen vorbeigegangen sind. Sie wussten nicht einmal, dass es sie gab, und erst recht nicht, dass sie komplett an ihnen vorbeigegangen sind.

Weiter geht's. Sie werden das Tracking in diesem einen Bereich für *drei Wochen* durchziehen. Vielleicht stöhnen Sie schon, Sie haben wirklich keine Lust darauf. Aber vertrauen Sie mir: Schon nach einer Woche werden Sie von den Ergebnissen so überwältigt sein, dass Sie es auch zwei weitere Wochen werden machen wollen. Ich kann es Ihnen fast garantieren.

Warum drei Wochen? Sie haben bestimmt schon einmal gehört, dass Psychologen sagen, dass etwas erst dann zur Gewohnheit wird, wenn man es drei Wochen lang macht. Das ist wissenschaftlich nicht erwiesen, aber ein guter Maßstab. Für mich hat es jedenfalls funktioniert. Daher möchte ich, dass Sie 21 Tage lang bei Ihrer Entscheidung bleiben, Ihr Verhalten zu tracken. Wenn Sie das nicht tun, entsteht mir daraus kein Nachteil (es ist ja immerhin nicht meine Taille, meine Gesundheit, mein Konto oder meine Beziehung, die da auf dem Spiel steht). Aber, seien wir mal ehrlich, Sie lesen dieses Buch, weil Sie Ihr Leben ändern wollen, richtig? Und ich hatte Ihnen versichert, dass man dafür Ausdauer und Fleiß braucht, oder nicht? Dieser eine Schritt ist nicht leicht, aber er ist machbar. Also machen Sie ihn.

Versprechen Sie sich anzufangen. Heute. Entscheiden Sie sich dafür, in den nächsten drei Wochen ein kleines Notizbuch (oder ein großes, wenn Ihnen das mehr Spaß macht) mit sich zu führen und darin *jede einzelne Sache* aufzuschreiben.

Was passiert in drei Wochen? Der Schock nach der ersten Woche wandelt sich in freudige Überraschung. Denn Sie erkennen, dass Sie sich bloß Ihrer Handlungen bewusst werden mussten, um sie zu verändern. Sie werden sich bei der Frage erwischen: »Will ich diesen Schokoriegel wirklich? Ich müsste dann mein Notizbuch hervorkramen und es aufschreiben, und das wäre mir etwas peinlich.« Und schon haben Sie 200 Kalorien gespart. Schlagen Sie den Schokoriegel jeden Tag aus, haben Sie in etwas über zwei Wochen bereits ein halbes Kilo verloren! Sie fangen an, den Vier-Euro-Kaffee auf dem Weg zur Arbeit schriftlich festzuhalten, und Ihnen fällt auf… *Du meine Güte! Ich habe gerade in drei Wochen 60 Euro für Kaffee ausgegeben.* Hey, das sind 1000 Euro im Jahr! Oder, zusammengerechnet, 51.833,79 Euro in 20 Jahren! Wie sehr brauchen Sie diesen Kaffee wirklich? Siehe Abbildung 3.

Abb. 3

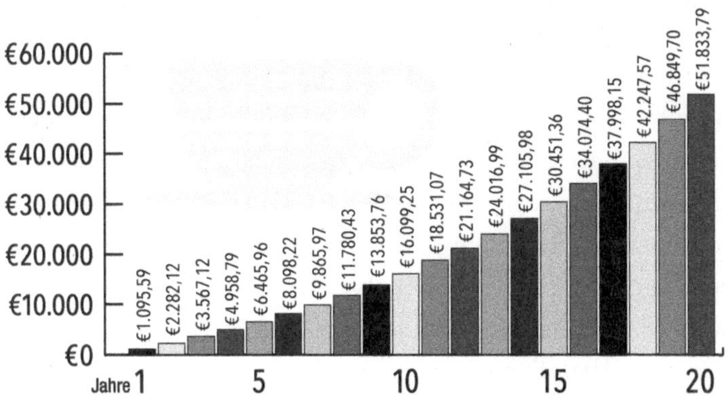

Die realen Kosten dieser Vier-Euro-Kaffee-am-Tag-Gewohnheit betragen nach 20 Jahren 51.833,79 Euro. Das ist der Effekt der Gewinnerformel.

Wie bitte? Ich will Ihnen damit sagen, dass Ihre Vier-Euro-Kaffee-am-Tag-Gewohnheit Sie in 20 Jahren 51.833,79 Euro kostet? Ja, das will ich. Wussten Sie, dass jeder Euro, den Sie heute ausgeben, Sie in nur 20 Jahren fast fünf Euro kostet (und in 30 Jahren zehn Euro)? Sie hätten diesen Euro nämlich auch investieren können, und bei acht Prozent Zinsen wäre der eine Euro in 20 Jahren fast fünf Euro wert. Jedes Mal, wenn Sie einen Euro ausgeben, ist das so, als ob Sie fünf Euro aus dem Portemonnaie Ihrer Zukunft nähmen.

Ich machte früher den Fehler, auf ein Preisschild zu schauen und zu denken, dass das Produkt mich 50 Euro kostete, wenn 50 Euro ausgezeichnet waren. Nun ja, an diesem Tag vielleicht. Aber wenn Sie den potenziellen Wert eben jener 50 Euro betrachten, nachdem sie für 20 Jahre investiert wurden, dann ist der Preis (was man verliert, wenn man sie ausgibt, anstatt sie zu investieren) vier oder fünf Mal so hoch! Jedes Mal, wenn Sie sich etwas anschauen, was 50 Euro kostet, sollten Sie sich also fragen: »Ist dieses Produkt 250 Euro wert?« Wenn es Ihnen heute 250 Euro wert ist, dann ist es wert, gekauft zu werden. Behalten Sie das im Hinterkopf, wenn Sie das nächste Mal in ein Geschäft gehen, in dem es alle möglichen Dinge zu kaufen gibt, von denen Sie gar nicht wussten, dass Sie sie brauchen. Sie gehen hinein, um für einen Wert von 25 Euro Essentielles zu kaufen, und kommen mit Sachen im Wert von 400 Euro wieder heraus. Meine Garage dient als Friedhof dieser Kaufräusche. Wenn Sie das nächste Mal in der Schnäppchen-Abteilung sind, evaluieren Sie die Produkte dort am besten in Hinblick auf ihren Zukunftswert. Es ist gut möglich, dass Sie daraufhin das 50-Euro-Crêpe-Gerät zurücklegen, damit Ihr Zukunfts-Ich 250 Euro mehr auf der Bank hat. Wenn Sie jeden Tag, jede Woche und viele Jahre lang die richtige Entscheidung treffen, werden Sie schnell sehen, wie wohlhabend Sie das macht.

Wenn Sie das Tracking mit diesem Bewusstsein machen, werden Sie schon bald anders auftreten. Sie werden sich fragen können: »Ist der Kaffee, den ich auf dem Weg zur Arbeit immer kaufe, wirklich den Preis eines Mercedes wert?« Das kostet er Sie nämlich. Und noch etwas ist passiert: Sie schlafwandeln nicht mehr. Sie sind sensibilisiert und treffen bessere Entscheidungen. Alles aufgrund eines kleinen Notizbuchs und eines Stifts. Einfach unglaublich, finden Sie nicht?

Der unbesungene Held

Wenn Sie mit dem Tracking beginnen, wird sich Ihre Aufmerksamkeit auf die Dinge richten, die Sie richtig machen, und auf die, die Sie falsch machen. Und wenn Sie sich dazu entscheiden, nur die kleinste Kurskorrektur vorzunehmen – mit Konsequenz und Ausdauer –, werden Sie bald unglaubliche Ergebnisse sehen. Aber erwarten Sie nicht sofort Applaus dafür. Wenn ich von »kleinen« Kurskorrekturen spreche, dann sind sie wirklich unsichtbar. Es ist gut möglich, dass lange Zeit niemandem etwas auffallen wird. Es wird keinen Beifall geben. Sie werden keine Glückwunschkarte oder Trophäe in dieser Disziplin erhalten. Nichtsdestotrotz wird Ihnen die Gewinnerformel früher oder später eine außergewöhnliche Belohnung bescheren. Es ist die Disziplin im Kleinen, die sich auf lange Sicht bezahlt macht, die Mühe und die Vorbereitung auf den großen Triumph, die man aufbrachte, als niemand hinschaute. Und trotzdem sind die Resultate erstaunlich. Ein Pferd gewinnt zwar um eine Nasenlänge, aber es bringt zehnmal so viel Preisgeld nach Hause. Ist das Pferd auch zehnmal so schnell? Nein, es ist einfach nur ein bisschen besser. Letztendlich waren es die Extrarunden auf der Bahn, die Extradisziplin beim Futter oder die Extraarbeit des

Jockeys, die zu etwas besseren Ergebnissen und folglich zum höheren Preisgeld geführt haben.

Nach Hunderten gespielter Turniere und Tausenden gezählter Schläge besteht der Unterschied zwischen dem als Nr. 1 und dem als Nr. 10 gerankten Golfspieler nur in durchschnittlich 0,32 Schlägen. Der Unterschied beim Preisgeld ist jedoch um einiges größer (9,6 Millionen vs. 4,6 Millionen)! Der Golfer auf Platz 1 ist nicht fünfmal so gut, er ist nicht einmal 50 oder 10 Prozent besser. Tatsächlich liegt der Unterschied zu seinem Durchschnittsscore bei nur 0,5 Prozent.

Abb. 4

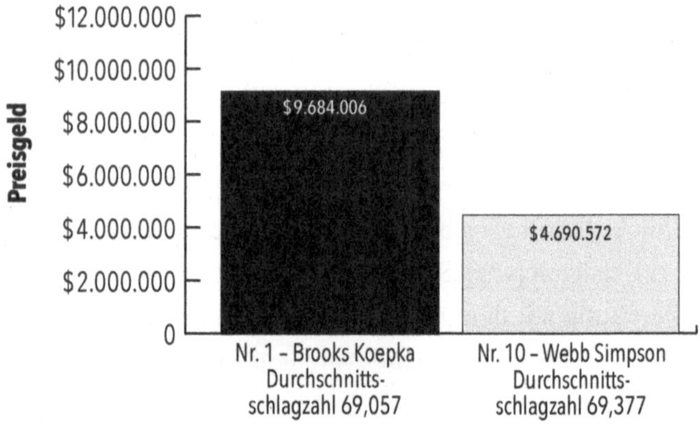

Der Unterschied zwischen dem als Nr. 1 und dem als Nr. 10 gerankten Golfspieler liegt in weniger als einem Schlag, aber das Preisgeld ist doppelt so hoch. Das ist der Effekt der Gewinnerformel. [Quelle: PGA Tour Championship Ranking 2019]

Und trotzdem ist das Ergebnis, also das Preisgeld, doppelt so hoch! Siehe Abbildung 4.

Das ist die Macht der kleinen Dinge, die zusammenkommen. Es sind nicht die großen Dinge, die am Ende den Ausschlag geben. Es sind die Hunderte, Tausende oder Millionen von kleinen Dingen, die das Gewöhnliche vom Außergewöhnlichen trennen. Um einen Schlag besser zu sein, bedarf es unzähliger kleiner Dinge, die man nicht sieht, wenn man aufs Siegertreppchen steigt.

Anhand von ein paar weiteren Beispielen möchte ich nun verdeutlichen, wie sehr sich das Tracking kleiner Veränderungen auszahlen kann.

Einen Schritt vor die Tür setzen

Vor einiger Zeit beriet ich den CEO eines Unternehmens, das mehr als 100 Millionen Dollar im Jahr einfuhr, als Mentor. Phil war Unternehmer und der Gründer dieser Firma. Der Firma ging es gut, aber ich nahm einen Mangel an Engagement, Vertrauen und Enthusiasmus in der Unternehmenskultur wahr. Ich war nicht allzu überrascht: Es stellte sich heraus, dass Phil schon seit mehr als fünf Jahren manche Teile seines eigenen Gebäudes nicht mehr betreten hatte. Mit 80 Prozent seiner Mitarbeiter hatte er noch nie persönlich gesprochen! Er und sein Managementteam lebten praktisch in einer Blase. Ich bat Phil, nur eine Änderung zu tracken: Dreimal die

Woche sollte er sein Büro verlassen und durch das Firmengebäude laufen. Sein Ziel sollte sein, mit mindestens drei Personen zu sprechen, die gute Arbeit leisteten oder von denen er Gutes gehört hatte, und ihnen persönlich seine Wertschätzung entgegenzubringen. Diese kleine Änderung in seinem Verhalten nahm nicht mehr als eine Stunde pro Woche in Anspruch, zeigte aber auf Dauer eine sehr große Wirkung. Die Angestellten, denen Phil seine Anerkennung gezollt hatte, strengten sich noch mehr an, um sich noch verdienter zu machen. Andere Angestellte lieferten bessere Leistungen ab, da sie gesehen hatten, dass Mühen anerkannt und wertgeschätzt wurden. Diese neue Einstellung spiegelte sich auch in ihren Kundenkontakten wider. Die Kunden waren folglich zufriedener mit der Firma, kamen wieder und empfahlen die Firma weiter, was wiederum alle mit Stolz erfüllte. Diese kleine Änderung führte nach 18 Monaten zu einer 180-Grad-Wende in der Unternehmenskultur. Der Nettogewinn stieg in dieser Zeit um mehr als 30 Prozent an, mit dem gleichen Personal und ohne zusätzliche Marketingausgaben. Nur weil Phil beschlossen hatte, einen kleinen, scheinbar unbedeutenden Schritt zu gehen – konsequent und über einen längeren Zeitraum hinweg.

Der Geldbaum

Vor vielen Jahren hatte ich eine wunderbare Assistentin, Kathleen. Sie verdiente damals 40.000 Dollar im Jahr. Bei einem meiner Vorträge zu Unternehmertum und Vermögensbildung saß sie mit im Raum, da sie für die Anmeldungen zuständig gewesen war. In der nächsten Woche kam sie in mein Büro. »Bei Ihrem Vortrag sagten Sie, dass man zehn Prozent seines Einkommens sparen sollte«, fing sie an. »Das klingt super, aber ich würde das nie hinbekommen. Das ist so unrealistisch!« Sie fuhr fort und erzählte mir von den vielen Rechnungen und finanziellen Verpflichtungen, die sie hatte. Nachdem sie alles aufgeschrieben hatte, war offensichtlich, dass am Ende des Monats wirklich kein Geld mehr übrig blieb. »Ich brauche eine Gehaltserhöhung«, sagte sie.

»Ich mache dir einen besseren Vorschlag«, antwortete ich ihr, »ich werde dir beibringen, wie man wohlhabend wird.« Das war nicht die Antwort, die sie sich erhofft hatte, aber sie stimmte zu.

Ich brachte Kathleen bei, wie sie ihre Ausgaben im Auge behalten konnte, und sie fing an, ein Notizbuch bei sich zu tragen. Ich empfahl ihr, ein separates Sparkonto anzulegen, mit einem Guthaben von nur 33 Dollar – einem Prozent ihres Nettoeinkommens. Dann zeigte ich ihr, wie sie mit 33 Dollar weniger im nächsten Monat auskommen konnte – nämlich indem sie an einem Tag in der Woche ihr eigenes Mittagessen mit ins Büro nahm, anstatt sich ein Sandwich, Pommes und ein Getränk zu kaufen. Im nächsten Monat ließ ich sie zwei

Prozent ihres Einkommens sparen (67 Dollar). Sie sparte die zusätzlichen 33 Dollar, indem sie ihren Kabelanschlussanbieter wechselte. Im nächsten Monat waren wir schon bei drei Prozent. Wir kündigten ihr Abonnement des *People*-Magazins (ihr *eigenes Leben* war jetzt wichtiger), und anstatt dass sie zweimal pro Woche zu Starbucks ging, empfahl ich ihr, die Starbucks-Bohnen und andere besondere Zutaten zu kaufen und ihren Kaffee im Büro selbst zu machen (schon bald gefiel ihr das viel besser – und mir auch!).

Am Ende des Jahres sparte Kathleen zehn Prozent jedes Dollars, den sie verdiente, ohne dabei das Gefühl zu haben, auf viel verzichten zu müssen. Sie war baff! Diese eine Veränderung breitete sich wellenartig auf viele andere Bereiche ihres Lebens aus. Sie rechnete aus, was sie für sinnlose Unterhaltung ausgab, und begann, dieses Geld stattdessen in ihre persönliche Entwicklung zu investieren. Nachdem sie mehrere Hundert Stunden damit verbracht hatte, ihr Gehirn mit inspirierenden und lehrhaften Inhalten zu füttern, sprudelte sie über vor Kreativität. Sie kam mit etlichen Ideen zu mir, wie wir in der Firma mehr Geld verdienen und sparen könnten. Sie präsentierte mir einen Plan, den sie in ihrer freien Zeit umsetzen wollte, wenn ich ihr versprach, sie mit zehn Prozent des durch diesen Plan Eingesparten und 15 Prozent der dadurch entstandenen neuen Einkünfte zu belohnen. Am Ende des zweiten Jahres verdiente sie mehr als 100.000 Dollar pro Jahr – mit dem gleichen 40.000-Dollar-Basiseinkommen. Kathleen gründete irgendwann ihr eigenes, unabhängiges Dienstleistungsunternehmen, das sehr erfolgreich wurde. Ich bin Kathleen vor einigen Jahren am Flughafen begegnet. Sie verdient jetzt mehr als eine Viertelmillion Dollar im Jahr und hat mehr als eine Million gespart und angelegt – sie ist Millionärin! Alles von der Entscheidung ausgehend, einen kleinen Schritt zu gehen und 33 Dollar im Monat zu sparen!

Die Zeit drängt

Je früher Sie anfangen, kleine Veränderungen vorzunehmen, desto nachhaltiger wird sich die Gewinnerformel zu Ihren Gunsten auswirken. Sagen wir mal, ein Freund von Ihnen zahlt monatlich 250 Euro auf ein privates Rentenkonto ein, nachdem er mit 23 Jahren seinen ersten Job nach der Uni bekommen hatte. Sie allerdings fangen erst mit 40 Jahren an zu sparen. (Vielleicht haben Sie schon etwas früher angefangen, aber Sie haben Ihr Rentenkonto geplündert, da Sie keine großen Zuwächse notieren konnten.) Wenn Ihr Freund 40 ist, muss er keinen Euro mehr investieren und wird mit 67 Jahren mehr als eine Million Euro haben, die mit acht Prozent Zinsen monatlich mehr werden.

Abb. 5

	DIE WIRKUNG DER GEWINNERFORMEL						
	FREUND			SIE			
	Alter	Jahr	Jahresbilanz	Alter	Jahr		
	23	1	€3.112,48	23	1	0	
	24	2	€6.483,30	24	2	0	
	25	3	€10.133,89	25	3	0	
	26	4	€14.087,48	26	4	0	
	27	5	€18.369,21	27	5	0	
	28	6	€23.006,33	28	6	0	
	29	7	€28.028,33	29	7	0	
	30	8	€33.467,15	30	8	0	
	31	9	€39.357,38	31	9	0	
	32	10	€45.736,51	32	10	0	
	33	11	€52.645,10	33	11	0	
	34	12	€60.127,10	34	12	0	
	35	13	€68.230,10	35	13	0	
	36	14	€77.005,64	36	14	0	
	37	15	€86.509,56	37	15	0	
	38	16	€96.802,29	38	16	0	
	39	17	€107.949,31	39	17	0	
	40	18	€120.021,53	40	18	0	
Freund	41	19	€129.983,26	41	19	€3.112,48	**Sie**
	42	20	€140.771,81	42	20	€6.483,30	
	43	21	€152.455,80	43	21	€10.133,89	
	44	22	€165.109,55	44	22	€14.087,48	
	45	23	€178.813,56	45	23	€18.369,21	
	46	24	€193.655,00	46	24	€23.006,33	
	47	25	€209.728,27	47	25	€28.028,33	
	48	26	€227.135,61	48	26	€33.467,15	
	49	27	€245.987,76	49	27	€39.357,38	
	50	28	€266.404,62	50	28	€45.736,51	
	51	29	€288.516,07	51	29	€52.645,10	
	52	30	€312.462,77	52	30	€60.127,10	
	53	31	€338.397,02	53	31	€68.230,10	
	54	32	€366.483,81	54	32	€77.005,64	
	55	33	€396.901,78	55	33	€86.509,56	
	56	34	€429.844,43	56	34	€96.802,29	
	57	35	€465.521,31	57	35	€107.949,31	
	58	36	€504.159,35	58	36	€120.021,53	
	59	37	€546.004,33	59	37	€133.095,74	
	60	38	€591.322,42	60	38	€147.255,10	
	61	39	€604.159,35	61	39	€162.589,69	
	62	40	€693.554,93	62	40	€179.197,03	
	63	41	€751.119,64	63	41	€197.182,78	
	64	42	€813.462,20	64	42	€216.661,33	
	65	43	€880.979,16	65	43	€237.756,60	
	66	44	€954.100,00	66	44	€260.602,76	
Akkumulierter Endbetrag =	67	45	**€1.033.289,83**	67	45	**€285.345,14**	
Gesamtinvestition =			**€54.000,00**			**€81.000,00**	

Sie investieren weiterhin jeden Monat 250 Euro, bis Sie 67 Jahre alt sind, das durchschnittliche Rentenalter derjenigen, die nach 1960 geboren sind. (Das heißt, Sie sparen 27 Jahre lang, Ihr Freund hingegen nur 17 Jahre.) Wenn Sie vor der Rente stehen, werden Sie weniger als 300.000 Euro besitzen und 27.000 Euro mehr investiert haben als Ihr Freund. Obwohl Sie viel länger sparsam waren und mehr Geld zurückgelegt haben, haben Sie am Ende weniger als ein Drittel des Geldes zur Verfügung, als Sie hätten haben können. Das ist die Folge von Prokrastination und der Vernachlässigung notwendiger Verhaltensweisen, Gewohnheiten und Disziplin. Warten Sie nicht einen Tag länger damit, mit den kleinen Verhaltensweisen anzufangen, die Sie Ihren Zielen näher bringen werden! Siehe Abbildung 5.

Sagen Sie sich gerade, dass Sie jetzt zu spät damit anfangen würden und daher sowieso schon viel zu weit zurückliegen? Es ist immer dieselbe alte Leier, aber es stimmt nicht. Es ist niemals zu spät, die Erträge der Gewinnerformel einzufahren. Sagen wir mal, Sie wollten schon immer Klavier spielen lernen. Aber Sie denken, dass es jetzt zu spät ist, da Sie bald 40 Jahre alt werden. Wenn Sie jetzt damit anfangen, könnten Sie bei Erreichen Ihres Rentenalters ein Virtuose sein, da Sie dann ja bereits seit 25 Jahren spielen! Der Schlüssel zum Erfolg liegt darin, JETZT anzufangen! Jede große Tat, jedes große Abenteuer beginnt mit kleinen Schritten. Der erste Schritt wirkt immer anstrengender, als er eigentlich ist.

Aber was ist, wenn 25 Jahre zu lang erscheinen? Was ist,

wenn man nur Zeit und Geduld für zehn Jahre hat? In seinem Buch *Das Maximum-Prinzip* zeigt uns der Autor Brian Tracy, wie man jeden Bereich seines Lebens um 1000 Prozent verbessern kann. Nicht um 10 oder gar um 100 Prozent, nein, um 1000 Prozent! Ich werde das kurz umreißen.

Sie müssen lediglich sich selbst, Ihre Leistung, Ihren Output und Ihre Gewinne an jedem Arbeitstag um ein Zehntel Prozent verbessern (am Wochenende können Sie sogar entspannen). Das bezieht sich auf 1 Prozent von den gewünschten 1000. Schaffen Sie das? Natürlich, das schafft jeder. Einfach. Wenn Sie das an jedem Tag in der Woche machen, verbessern Sie sich jede Woche um ein halbes Prozent (übersetzt: nicht viel). Das entspricht zwei Prozent jeden Monat, was sich auf 26 Prozent im Jahr akkumuliert. Ihr Einkommen verdoppelt sich jetzt alle 2,9 Jahre. Im zehnten Jahr können Sie 1000 Prozent von dem leisten und verdienen, was Ihr Stand heute ist. Ist das nicht großartig? Sie müssen nicht 1000 Prozent mehr leisten oder 1000 Prozent mehr Stunden arbeiten als jetzt. Es ist nur ein Zehntel Prozent mehr jeden Tag. Mehr nicht.

Erfolg ist ein (Halb-)Marathon

Beverly war eine Mitarbeiterin im Vertrieb eines Lernsoftware-Unternehmens, für das ich als Berater tätig war. Eines Tages erzählte sie mir von einem Freund, der in der nächsten Woche einen Halbmarathon laufen würde. »Ich könnte so etwas *niemals*«, versicherte mir Beverly, die deutlich übergewichtig war. »Ich komme schon aus der Puste, wenn ich nur eine Treppe hochlaufe!«

»Wenn du es willst, dann kannst du das Gleiche machen wie dein Freund«, sagte ich zu ihr. Sie stockte und sagte: »Das ist unmöglich.«

Mein erster Schritt bestand darin, Beverly zu motivieren. »Also, Beverly, warum willst du denn einen Halbmarathon laufen?«

»Ähm, im nächsten Sommer ist mein 20-Jahre-Klassentreffen, und ich will fabelhaft aussehen. Aber ich habe so viel zugenommen, seitdem ich vor fünf Jahren mein zweites Kind bekommen habe. Ich weiß nicht, ob ich es schaffen kann.«

Bingo! Jetzt hatten wir ein motivierendes Ziel. Aber ich ging behutsam vor. Wenn Sie jemals versucht haben abzunehmen, dann kennen Sie den Drill wahrscheinlich: Werden Sie Mitglied in einem teuren Fitnessstudio, geben Sie ein Vermögen für Personal Trainer, neue Ausrüstung, schicke neue Sportklamotten und Trainingsschuhe aus. Nach circa einer Woche enthusiastischem Training wird Ihr Ellipsentrainer zu einem Wäscheständer, Sie gehen nicht mehr ins Fitnessstudio, und Ihre Turnschuhe verstauben. Ich wollte bei Beverly etwas Besseres ausprobieren. Wenn ich es schaffen könnte, dass sie sich nur für eine neue Gewohnheit entscheiden würde, dann würde sich das auf all die anderen Verhaltensweisen auswirken.

Ich bat Beverly, mit ihrem Auto um den Häuserblock zu fahren und von ihrem Haus aus eine 1,5 Kilometer lange

Schleife zu ziehen. Diese Schleife sollte sie in zwei Wochen drei Mal abgehen. Man beachte: Ich sagte ihr nicht, sie solle die 1,5 Kilometer rennen. Stattdessen fing ich mit einer kleinen, einfachen Aufgabe an, für die sie sich nicht übermäßig anstrengen oder gar leiden musste. Als Nächstes sollte sie die Schleife dreimal pro Woche gehen, für weitere zwei Wochen. Jeden Tag entschied sie sich dafür weiterzumachen.

Dann riet ich Beverly, langsam zu joggen – nur so lange, wie sie sich wohlfühlte. Sobald sie außer Atem kam, sollte sie aufhören und wieder gehen. Ich bat sie, das so lange zu machen, bis sie ein Viertel, dann die Hälfte und schließlich drei Viertel der Strecke joggen konnte. Es dauerte drei weitere Wochen – neun Läufe –, bevor sie die ganzen 1,5 Kilometer laufen konnte. Nach insgesamt sieben Wochen joggte sie die gesamte Wegschleife. Das scheint lange gedauert zu haben, dieser kleine Sieg, oder? Schließlich besteht ein Halbmarathon aus 21 Kilometern. 1,5 Kilometer sind also nichts. Viel wichtiger aber war: Beverly sah langsam, wie ihre Entscheidung, für das Klassentreffen fit zu werden – ihre Warum-Kraft (mehr dazu später) –, ihre neue Gewohnheit befeuerte. Die Gewinnerformel war in Gang gesetzt und begann ihre wunderbare Wirkung zu entfalten.

Ich bat Beverly dann, ihre Strecke bei jedem Lauf um ein Achtel zu verlängern (eine fast unmerkliche Verlängerung, vielleicht um nur 300 Schritte). Nach sechs Monaten lief sie 15 Kilometer, ohne jegliche Probleme. Nach neun Monaten lief sie regelmäßig 22 Kilometer (mehr als die Strecke eines

Halbmarathons). Viel aufregender war jedoch das, was in anderen Lebensbereichen passierte. Beverly verlor ihren Heißhunger auf Schokolade (eine lebenslange Sucht) und auf schweres, fettiges Essen. Weg. Das Lauftraining und die bessere Ernährung gaben ihr mehr Energie, und das ließ sie auch im Job enthusiastischer auftreten. Ihre Vertriebsperformance verdoppelte sich in dieser Zeit (was sehr gut für mich war!).

Wie im vorigen Kapitel bereits beschrieben, breitete sich dieser Impuls auch bei ihr wellenartig aus. Sie wurde selbstbewusster, und der Umgang mit ihrem Mann liebevoller. Ihre Beziehung wurde wieder so leidenschaftlich wie zuletzt zu Studienzeiten. Da sie neue Energie tankte, wurde die Interaktion mit ihren Kindern aktiver und lebendiger. Ihr fiel auf, dass sie keine Zeit mehr für ihre schwarzseherischen Freunde hatte, die sich noch immer nach der Arbeit auf Drinks und Häppchen trafen. Bei einem Lauftreff, dem sie sich angeschlossen hatte, schloss sie neue, »gesunde« Freundschaften. Das führte zu einer ganzen Reihe an positiven Entscheidungen, Verhaltensweisen und Gewohnheiten.

Seit diesem ersten Gespräch in meinem Büro und Beverlys Entscheidung, ihre Warum-Kraft zu finden und eine Reihe kleiner Schritte umzusetzen, hat sie mehr als 18 Kilo abgenommen und ist zu einem laufenden (und rennenden) Aushängeschild für fitte und starke Frauen geworden. Heute läuft Beverly ganze Marathons!

Ihr Leben ist das Produkt Ihrer Moment-zu-Moment-Entscheidungen. Die Fitnesstrainerin von *TV's Biggest Loser*,

Jillian Michaels, erzählte einmal von einem prägenden Ereignis in ihrer Kindheit: »Als ich ein Kind war, organisierte meine Mutter mir sehr ausgeklügelte Ostereiersuchen. Ich durchsuchte das ganze Haus, und immer, wenn ich in die Nähe eines versteckten Eis kam, sagte sie: ›Warm.‹ Und wenn ich ganz nah dran war: ›Jetzt wird es heiß.‹ Entfernte ich mich von dem Ei, sagte sie: ›Kalt, eiskalt.‹ Ich bringe den Kandidaten bei, dass sie ihr Glück und ihr Endziel stets als warm wahrnehmen sollten und dass jede Entscheidung und jede Wahl, die sie in jedem Moment machen, sie näher an dieses Endziel bringt.«

Da alle Ihre Resultate die Folge Ihrer Moment-zu-Moment-Entscheidungen sind, besitzen Sie die Macht, Ihr Leben zu ändern, indem Sie diese Entscheidungen ändern. Schritt für Schritt und Tag für Tag werden Ihre Entscheidungen Ihre Handlungen beeinflussen, bis sie zu Gewohnheiten werden, die sich durch Übung festigen.

Verlieren ist eine Gewohnheit. Gewinnen auch. Arbeiten wir also jetzt daran, nach und nach bleibende Gewinnergewohnheiten in Ihr Leben einzuführen. Indem Sie sich von sabotierenden Verhaltensweisen trennen und wichtige positive Gewohnheiten entwickeln, können Sie Ihr Leben in jede gewünschte Richtung lenken, wohin auch immer Ihre Vorstellungskraft Sie bringt. Und jetzt zeige ich Ihnen, wie das geht…

So arbeitet die Gewinnerformel für Sie

Ihr Aktionsplan zusammengefasst

★ Welcher Bereich, welcher Umstand oder welche Person bereitet Ihnen am meisten Probleme? Schreiben Sie alle Aspekte dieser Situation auf, für die Sie dankbar sind. Notieren Sie sich alles, was Ihre Dankbarkeit in diesem Bereich verstärkt.

★ Wo in Ihrem Leben übernehmen Sie nicht zu 100 Prozent Verantwortung für den Erfolg und den Misserfolg Ihrer aktuellen Lage? Schreiben Sie drei Dinge auf, die Sie früher einmal gemacht haben und die sehr schlechte Folgen für Sie hatten. Schreiben Sie drei Dinge auf, die Sie hätten machen sollen, es aber nicht taten. Schreiben Sie drei Dinge auf, die Ihnen passiert sind und bei denen Ihre Reaktion zu wünschen übrigließ. Schreiben Sie drei Dinge auf, die Sie jetzt sofort machen können, um wieder Verantwortung für die Entwicklung Ihres Lebens zu übernehmen.

★ Beginnen Sie damit, mindestens eine Verhaltensweise in einem Bereich Ihres Lebens zu tracken, den Sie verändern und verbessern wollen (Finanzen, Ernährung, Fitness, Wertschätzung anderer, Elternsein – was auch immer).

★ KAPITEL 3
GEWOHNHEITEN

Ein weiser Lehrer ging mit seinem jungen Schüler im Wald spazieren und blieb vor einem winzigen Pflänzchen stehen.

»Zieh diesen Schössling heraus«, befahl der Lehrer seinem Schüler und zeigte auf einen Trieb, der gerade erst aus dem Boden geschossen war. Der Junge zog ihn mühelos aus der Erde. »Zieh jetzt das dort heraus«, sagte der Lehrer und zeigte auf ein etwas größeres Pflänzchen, das dem Jungen etwa bis zum Knie ging. Mit etwas mehr Anstrengung zog der Junge daran, und das Bäumchen kam samt Wurzeln heraus. »Und jetzt das dort«, sagte der Lehrer und nickte in Richtung eines gut entwickelten immergrünen Baumes, der in etwa so groß war wie der Schüler. Nur indem er all sein Gewicht und seine Kraft hineinlegte, gelang es ihm schließlich – nachdem er mit Steinen und Stöcken die Wurzeln abgeschlagen hatte –, den Baum auszuheben.

»Jetzt«, sprach der Weise, »möchte ich, dass du diesen hier herausziehst.« Der Junge folgte dem Blick des Lehrers, der auf eine mächtige Eiche fiel, die so groß war, dass der Junge die Krone nicht mehr sehen konnte. Den großen Kampf vor Augen, den er soeben mit einem deutlich kleineren Baum gehabt hatte, sagte er schlicht zu seinem Lehrer: »Es tut mir leid, aber das schaffe ich nicht.«

»Mein Sohn, du hast gerade gezeigt, welche Macht Gewohnheiten über dein Leben haben werden!«, sprach der Lehrer. »Je älter sie sind, desto größer werden sie, desto tiefer reichen ihre Wurzeln und desto schwerer sind sie zu entwurzeln. Manche werden so groß und ihre Wurzeln so tief, dass man nicht einmal den Versuch wagen will.«

Gewohnheitstiere

Aristoteles schrieb: »Wir sind, was wir regelmäßig tun.« Das Wörterbuch *Merriam Webster* definiert Gewohnheit folgendermaßen: »Eine angeeignete Verhaltensweise, die zum Teil oder vollständig unbeabsichtigt abläuft.«

Es gibt da eine Geschichte von einem Mann, der im schnellen Galopp auf einem Pferd reitet. Es scheint so, als wäre er in wichtigem Auftrag unterwegs. Ein Mann, der am Wegrand steht, ruft: »Wohin reiten Sie?« Der Reiter antwortet: »Ich weiß es nicht. Fragen Sie das Pferd!« Das steht exemplarisch für die Geschichte vieler Menschen: Sie reiten das Pferd ihrer Gewohnheiten und haben keine Vorstellung davon, wohin es geht. Es ist Zeit, die Zügel in die Hand zu nehmen und Ihrem Leben die Richtung zu geben, in die Sie auch wirklich wollen.

Wenn Sie auf Autopilot gelebt und es zugelassen haben, dass Ihre Gewohnheiten Sie bestimmen, dann sollten Sie verstehen, warum. Und gehen Sie dabei nachsichtig mit sich um. Denn schließlich befinden Sie sich in guter Gesellschaft. Psychologische Studien haben ermittelt, dass 95 Prozent von all dem, was wir fühlen, denken, tun und erreichen, das Resultat einer erlernten Gewohnheit ist! Wir wurden mit Instinkten geboren, aber mit keiner einzigen Gewohnheit. Wir entwickeln sie erst im Laufe der Zeit. Bereits in unserer Kindheit eignen wir uns für die meisten Situationen eine Reihe von konditionierten Reaktionen an, die dann automatisiert ablaufen (also ohne darüber nachzudenken).

In unserem Alltag hat es definitiv Vorteile, »automatisch« zu leben. Wenn Sie über jeden Schritt einer alltäglichen Aufgabe bewusst nachdenken müssten – das Frühstück machen, die Kinder zur Schule fahren, zur Arbeit gehen usw. –, dann würde Ihr Leben ins Stocken geraten. Wahrscheinlich putzen Sie sich auch automatisch zweimal am Tag die Zähne. Da gibt es keine große philosophische Debatte, Sie tun es einfach. Wenn Sie sich in ein Auto setzen, schnallen Sie sich sofort an. Das stellen Sie nicht in Frage. Unsere Gewohnheiten und Routinen erlauben es, dass wir uns für alltägliche Aufgaben nur minimal bewusst anstrengen müssen. Durch sie sind wir geistig nicht überfordert und können die meisten Situationen relativ gut bewältigen. Und da wir uns so nicht mit Banalitäten beschäftigen müssen, können wir unsere mentale Energie für kreativere und bereicherndere Dinge aufwenden. Gewohnheiten können hilfreich sein – solange sie gut sind, ist doch klar.

Wenn Sie sich gesund ernähren, dann haben Sie sich wahrscheinlich beim Einkaufen und beim Bestellen in Restaurants gesunde Verhaltensweisen angewöhnt. Wenn Sie fit sind, liegt das sicherlich daran, dass Sie regelmäßig Sport machen. Wenn Sie als Verkäufer Erfolg haben, dann bestimmt deshalb, weil Sie sich angewöhnt haben, durch mentales Training und positives Zureden auch bei Zurückweisungen optimistisch zu bleiben.

Ich habe bereits mit vielen Leistungsträgern, CEOs und »Superstars« gearbeitet. Sie *alle* haben eine Sache gemeinsam: Sie pflegen gute Gewohnheiten. Das soll nicht heißen, dass sie keine schlechten Angewohnheiten haben. Die haben sie. Aber nicht viele. Eine auf guten Gewohnheiten aufgebaute tägliche Routine ist das, was die Erfolgreichsten unter uns von allen anderen unterscheidet. Das ergibt Sinn, oder? Sie wissen inzwischen, dass erfolgreiche Menschen nicht notwendigerweise intelligenter oder talentierter sind als andere. Es sind ihre Gewohnheiten, die sie dazu anleiten, informierter, fachkundiger, kompetenter, fähiger und besser vorbereitet zu sein.

Als ich noch ein Kind war, veranschaulichte mein Vater mir die Macht von Gewohnheiten am Beispiel von Larry Bird. »Larry Legend« ist einer der größten Profi-Basketballspieler. Aber es war nicht sein sportliches Talent, das ihn berühmt gemacht hat. Niemand hätte Larry Bird auf dem Feld als »anmutig« beschrieben. Doch trotz seiner begrenzten athletischen Fähigkeiten verdankten die Boston Celtics ihm drei

Mal die NBA-Meisterschaft, und noch heute gilt er als einer der besten Spieler aller Zeiten. Wie er das geschafft hat?

Es waren seine Gewohnheiten – die hartnäckige Konzentration auf sein Training und die Verbesserung seines Spiels. In der gesamten Geschichte der NBA traf Larry Bird bei Freiwürfen insgesamt am häufigsten. Als Kind und Jugendlicher pflegte er jeden Morgen vor der Schule 500 Freiwürfe zu machen. Genau diese Form der Disziplin ließ Larry Bird das Beste aus seinen Talenten herausholen und so manchen »talentierteren« Spieler auf dem Feld schlagen.

Genau wie er können auch Sie Ihre automatischen und unbewussten Reaktionen so konditionieren, dass sie denen eines erfahrenen Meisters entsprechen. In diesem Kapitel geht es darum, dass Sie durch Disziplin, harte Arbeit und positive Gewohnheiten das mögliche Fehlen angeborener Talente wettmachen können. Es geht darum, dass Sie zum »Geschöpf der Gewinnergewohnheiten« werden.

Mit ausreichend Training und Wiederholung wird jedes Verhalten, egal ob gut oder schlecht, auf Dauer automatisiert. Das bedeutet, dass wir uns trotz der Tatsache, dass die meisten Gewohnheiten unbewusst entwickelt werden (durch das Nachahmen der Eltern, das Reagieren auf kulturelle Einflüsse oder das Entwickeln von Bewältigungsmechanismen), uns bewusst dazu entscheiden können, sie zu ändern. Wenn jede Ihrer Gewohnheiten erlernt ist, scheint es nur logisch, dass Sie auch jene wieder verlernen können, die Ihnen einen schlechten Dienst erweisen. Bereit? Los geht's …

Raus aus der Sofortbelohnungsfalle

Wir haben verstanden, dass unsere Taillen nicht schlanker werden, wenn wir Tortenstücke verschlingen. Uns ist klar, dass wir drei Stunden weniger zum Lesen eines guten Buches oder zum Hören eines spannenden Podcasts haben, wenn wir diese Zeit vor dem Fernseher verbringen. Wir haben kapiert, dass wir noch nicht fit für einen Marathon sind, nur weil wir teure Laufschuhe gekauft haben. Wir sind eine »rationale« Spezies – das sagen wir uns jedenfalls. Warum handeln wir trotzdem so irrational und machen uns zum Sklaven unserer schlechten Gewohnheiten? Das liegt daran, dass uns unser Bedürfnis nach sofortiger Belohnung in hirnlose Tiere verwandeln kann, die nur passiv reagieren.

Wenn Sie einen Bissen von einem Big Mac nähmen und sofort mit einem Herzinfarkt zu Boden gingen, dann äßen Sie dort wahrscheinlich nicht mehr zu Mittag. Wenn der nächste Zug an einer Zigarette Ihr Gesicht augenblicklich in das einer zerknitterten 80-Jährigen verwandelte, gäben Sie das Rauchen wahrscheinlich auf. Wenn Sie dieses zehnte Telefonat nicht mehr machen wollten und man Ihnen deswegen sofort kündigte und Sie pleitegingen, dann zögerten Sie nicht einen Moment lang und nähmen den Hörer in die Hand. Und wenn Sie mit der ersten Gabel Kuchen sofort 20 Kilo ansetzten, dann wäre es wirklich kein Kunststück, das Dessert dankend abzulehnen.

Das Problem ist, dass die von schlechten Gewohnheiten herrührende Belohnungsfalle meist stärker ist als das, was Sie rational über die Langzeitfolgen wissen. Wenn wir unseren schlechten Gewohnheiten nachgehen, scheinen sie zunächst keine negativen Auswirkungen zu haben. Sie haben keinen Herzinfarkt, Ihr Gesicht zerknittert nicht, Sie müssen nicht zum Arbeitsamt, und Ihre Oberschenkel wachsen nicht auf Elefantengröße an. Aber das bedeutet nicht, dass die negative Wirkung der Gewinnerformel nicht aktiviert wurde.

Es ist Zeit, AUFZUWACHEN und zu realisieren, dass die Gewohnheiten, denen Sie sich hingeben, Ihr Leben in eine einzige Katastrophe verwandeln können. Die kleinste Anpassung Ihrer täglichen Routine kann Ihr Leben dramatisch verändern. Nochmal, ich rede nicht von Quantensprüngen oder einer Komplettüberholung Ihrer Persönlichkeit, Ihres Charakters oder Ihres Lebens. Winzige, scheinbar folgenlose Veränderungen können und werden alles revolutionieren.

Am besten lässt sich die Macht der kleinen Veränderungen an einem Flugzeug illustrieren, das von Los Angeles nach New York City fliegt. Wenn die Nase des Flugzeugs nur um ein Prozent auf falschem Kurs ist – eine fast unsichtbare Veränderung –, dann wird es am Ende um ungefähr 150 Meilen abtreiben und entweder im Hinterland von Albany oder in Dover, Delaware, landen. Das Gleiche gilt für Ihre Gewohnheiten. Eine einzelne, zunächst harmlos erscheinende schlechte Angewohnheit kann Sie meilenweit von Ihrem Kurs, Ihren Zielen und dem Leben abbringen, das Sie sich wünschen (siehe Abbildung 6).

Die meisten Menschen leben so vor sich hin. Sie bringen wenig bewusste Energie dafür auf herauszufinden, was genau sie wollen und was sie tun müssen, um das zu erreichen. Ich möchte Ihnen zeigen, wie Sie Ihre Leidenschaft entfachen und Ihre unbändige kreative Energie in Richtung Ihrer innigsten Träume und Wünsche lenken können. Schlechte Gewohnheiten zu entwurzeln, die zu mächtigen Eichen gewachsen sind, ist mühsam und schwierig. Das bis zum Schluss durchzuhalten verlangt mehr als eiserne Entschlossenheit – Willenskraft genügt da nicht.

Abb. 6

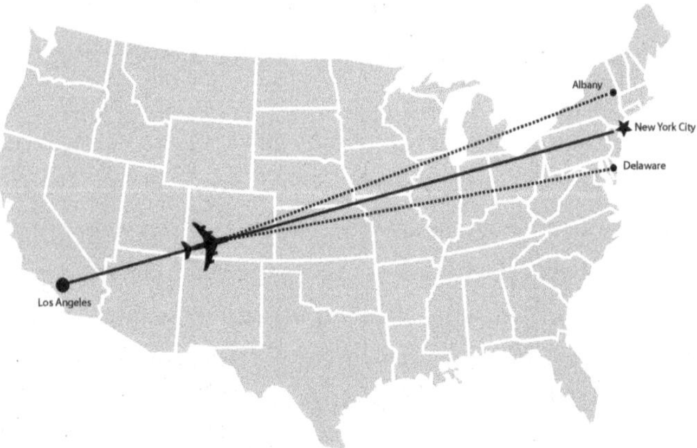

Die Wirkung der kleinen Veränderungen: Eine Kursänderung um ein Prozent bringt das Flugzeug 150 Meilen vom Kurs ab.

Finden Sie Ihre Warum-Kraft

Schlechte Gewohnheiten allein mit Willenskraft verändern zu wollen ist in etwa so, wie wenn man einen hungrigen Grizzlybären vom Picknickkorb fernhalten will und den Korb dafür mit einem Tuch abdeckt. Um den Bär Ihrer Gewohnheiten zu bekämpfen, brauchen Sie etwas Stärkeres.

Wenn es Ihnen schwerfällt, hart für Ihre Ziele zu arbeiten, dann wird häufig vermutet, dass Ihnen einfach der Wille fehlt. Das sehe ich anders. Es reicht nicht, erfolgreich sein zu wollen. Was wird dafür sorgen, dass Sie in Zukunft konsequent neue, positive Entscheidungen treffen? Was wird Sie davon abhalten, wieder in alte Gewohnheiten zurückzufallen? Was wird dieses Mal anders sein als bei den anderen Malen, bei denen Sie es probiert haben und gescheitert sind? Sobald Sie sich nur ein kleines bisschen unwohl fühlen, werden Sie in Versuchung geraten, Ihre alte, bequeme Routine wiederaufzunehmen.

Sie haben es mit Willenskraft schon einmal probiert, und es hat nicht ausgereicht. Sie haben sich etwas vorgenommen und es dann aufgegeben. Vor Kurzem beschlossen Sie, endlich abzunehmen. Letztes Jahr beschlossen Sie, all diese Verkaufsgespräche zu führen. Lassen Sie uns »diesen Irrsinn beenden« und es diesmal anders machen, damit Sie andere und bessere Resultate erzielen.

Vergessen Sie das mit der Willenskraft. Es ist Zeit für Ihre *Warum-Kraft*. Ihre Entscheidungen sind nur dann von Bedeutung, wenn Sie sie mit Ihren Wünschen und Träumen verbinden. Die weisesten und motivierendsten Entscheidungen sind jene, die auf das abgestimmt sind, was Sie als Ihren Sinn, Ihren inneren Kern und Ihre höchsten Werte betrachten. Sie müssen etwas wollen, und wissen, *warum* Sie es wollen, ansonsten werden Sie zu schnell aufgeben.

Also, was ist Ihr *Warum*? Sie müssen einen Grund haben, wenn Sie Ihr Leben wirklich verändern wollen. Und damit Sie die notwendigen Änderungen auch wirklich machen *wollen*, sollte Ihr *Warum* unglaublich motivierend sein – für *Sie*. Sie müssen jeden Tag aufstehen und loslegen wollen – *jahrelang!* Also, was motiviert Sie am meisten? Ihr Warum zu identifizieren ist wesentlich. Das, was Sie motiviert, entfacht Ihre Leidenschaft, ist die Quelle für Enthusiasmus und der Antrieb zur Beharrlichkeit. Deshalb MÜSSEN Sie Ihr *Warum* kennen.

Warum alles möglich ist

Die Macht des *Warums* sorgt dafür, dass Sie sich durch das Mühsame, das Banale und das Aufreibende quälen. Bevor Ihre *Warums* nicht stark genug sind, werden alle *Wies* bedeutungslos sein. Bevor Sie Ihre Wünsche und Ihre Motivation nicht vor Augen haben, werden Sie jeden neuen Pfad in Richtung eines besseren Lebens wieder verlassen. Wenn Ihre Warum-Kraft – Ihre Wünsche – nicht groß genug und Ihr Commitment nicht stark genug ist, dann wird es Ihnen so ergehen wie all jenen, die Neujahrsvorsätze machen, dann zu früh aufgeben und wieder darauf zurückfallen, schlafwandelnd schlechte Entscheidungen zu treffen. Mit dieser Analogie wird es vielleicht deutlicher:

Wenn ich ein 25 Zentimeter breites und 10 Meter langes Brett auf den Boden legte und sagte: »Wenn Sie auf diesem Brett laufen, gebe ich Ihnen 20 Euro«, würden Sie es tun? Natürlich würden Sie, denn das ist schnell verdientes Geld. Aber was wäre, wenn ich dasselbe Brett nähme und damit eine »Brücke« zwischen zwei Gebäuden mit 100 Stockwerken legte? Die gleichen 20 Euro dafür, auf einem 10 Meter langen Brett zu balancieren – das sieht auf einmal nicht mehr so erstrebenswert oder machbar aus, nicht wahr? Sie würden mich anschauen und sagen: »Auf gar keinen Fall.« Siehe Abbildung 7.

Nehmen wir nun an, Ihr Kind befände sich in dem gegenüberliegenden Gebäude, und das Gebäude stünde in Flammen, liefen Sie dann auf dem Brett hinüber, um es zu retten? Zweifelsohne – Sie täten es, sofort, 20 Euro hin oder her.

Abb. 7

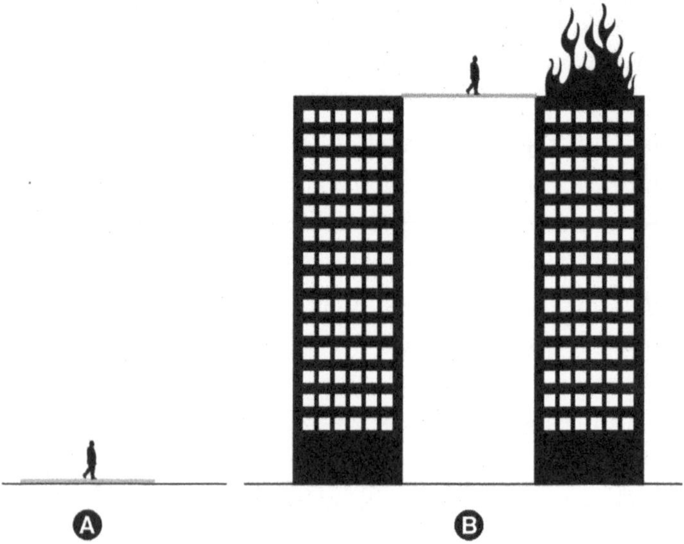

Ist Ihre Warum-Kraft groß genug?

Warum würden Sie im ersten Fall sicherlich nicht auf dem himmelhohen Brett laufen und im zweiten Fall nicht einen Moment lang zögern? Die Risiken und Gefahren sind dieselben. Was ist anders? Ihr *Warum* hat sich verändert – Ihr Grund, es tun zu wollen. Sie werden sehen, wenn der Grund gut genug ist, dann werden Sie zu fast jedem *Wie* bereit sein.

Um Ihren inneren Antrieb und Ihr kreatives Potenzial

wirklich freizusetzen, müssen Sie Ihre Motivation jenseits von finanziellen und materiellen Zielen suchen. Diese Beweggründe sind zwar nicht verwerflich – ganz im Gegenteil –, sie sind wunderbar. Glauben Sie mir, ich kenne mich aus mit schönen Sachen. Aber Materielles kann Ihren Körper, Ihr Herz und Ihre Seele nicht wirklich für einen Kampf gewinnen. Ihre Leidenschaft muss von einer tieferliegenden Motivation entfacht werden. Und selbst wenn Sie glitzernde Dinge erstehen, den echten Preis – Glück und Erfüllung – bekommen Sie so nicht. In einem Interview sagte Tony Robbins, der Experte in Sachen Höchstleistung, zu mir: »Ich habe Businessmogule gesehen, die all ihre Ziele erreicht haben und trotzdem frustriert, besorgt und mit vielen Ängsten leben. Was hindert diese erfolgreichen Menschen daran, glücklich zu sein? Die Antwort lautet: Sie haben sich nur auf Leistung konzentriert, nicht auf Erfüllung. Außergewöhnliche Errungenschaften sind keine Garanten für außergewöhnliche Freude, Glück, Liebe und ein Gefühl von Sinn. Diese beiden Konzepte nähren sich gegenseitig, und daraus schließe ich, dass Erfolg ohne Erfüllung eigentlich Misserfolg ist.«

Weise Worte. Deswegen reicht es nicht, erfolgreich sein zu wollen. Sie müssen tiefer graben, um Ihre Kernmotivation zu finden und Ihre Superkraft zu aktivieren: die Warum-Kraft.

Kernmotivation

Der Zugang zu Ihrer Warum-Kraft liegt in den Werten, die Ihnen am wichtigsten sind. Sie definieren nicht nur, wer Sie sind, sondern auch, wofür Sie stehen. Diese Werte sind Ihr innerer Kompass, Ihr Signalfeuer, Ihr persönliches GPS. Sie funktionieren sinnbildlich wie ein Filter, durch den Sie all die Anforderungen, Wünsche und Versuchungen geben und so sichergehen, dass sie sie in die richtige Richtung führen. Einer der wichtigsten Schritte bei der Neuausrichtung Ihres Lebens besteht darin, Ihre Kernwerte zu definieren und richtig zu kalibrieren.

Wenn Sie Ihre Werte nicht bereits klar definiert haben, dann könnten Sie eventuell Entscheidungen treffen, die mit Ihren Zielen in Konflikt stehen. Wenn Ihnen Ehrlichkeit zum Beispiel sehr wichtig ist, Sie aber mit Lügnern Zeit verbringen, ist das ein Konflikt. Wenn Ihre Handlungen und Verhaltensweisen mit Ihren Werten in Konflikt stehen, dann werden Sie früher oder später unglücklich, frustriert und mutlos. Tatsächlich sagen Psychologen, dass es kaum etwas gibt, das uns mehr stresst.

Sind Ihre Kernwerte erst einmal definiert, wird das Leben einfacher und effizienter. Und wenn Sie sich über diese Werte im Klaren sind, werden Ihnen auch Entscheidungen leichter fallen. Nachdem ich mich erst einmal hingesetzt, meine eigenen Kernwerte identifiziert und auf die drei wichtigsten reduziert hatte – Wachstum, Spitzenleistung und Bedeutsamkeit –, traf ich meine Entscheidungen sowohl im Kleinen als auch im Großen sehr viel klarer und zielgerichteter. Wenn Sie vor einer Entscheidung stehen, fragen Sie sich: »Steht das im Einklang mit meinen Kernwerten?« Wenn das der Fall ist, tun Sie es. Wenn nicht, dann tun Sie es nicht, und schauen Sie nicht zurück. Zweifel und Unentschlossenheit gibt es jetzt nicht mehr.

Um Ihre Kernwerte zu identifizieren, nutzen Sie die Fragen des Werte-Checks auf Seite 234.

Finden Sie Ihren Kampf

Menschen werden entweder durch etwas motiviert, das sie wollen, oder durch etwas, das sie nicht wollen. Die Liebe ist ein großer Antrieb. Und auch der Hass. Es widerspricht zwar dem, was sozial korrekt ist, aber es kann durchaus gut sein zu hassen: Krankheit zu hassen, Ungerechtigkeit zu hassen, Ignoranz zu hassen, Selbstgefälligkeit zu hassen und so weiter. Manchmal spornt es uns an, jemanden als Feind zu betrachten. Meine größte Motivation, Entschlossenheit und Hartnäckigkeit brachte ich dann auf, wenn es einen Gegner zu bekämpfen gab. Die meisten Umbrüche und politischen Revolutionen der Geschichte geschahen im Zuge der Bekämpfung eines Feindes. David hatte Goliath. Amerika hatte die Briten. Luke hatte Darth Vader. Rocky hatte Apollo Creed.

Junge Leute haben »das Establishment«. Pepsi hat CocaCola. Taylor Swift hat Kanye West. Wir könnten das ewig fortführen, aber Sie verstehen schon, was ich meine.

Feinde sorgen dafür, dass wir mutig für etwas einstehen. Ein Kampf stellt unser Können, unseren Charakter und unsere Entschlossenheit auf die Probe. Wir sind gezwungen, unsere Talente und Fähigkeiten einzuschätzen und zu trainieren. Ohne einen Kampf, der uns motiviert, können wir dick und faul werden, wir verlieren unsere Kraft und unsere Aufgabe.

Manche meiner Kunden machen sich darüber Sorgen, dass sich ihre Warum-Kraft aus wenig noblen Zielen nährt. Sie fühlen sich schlecht, wenn sie etwas nur tun, um Pessimisten eines Besseren zu belehren oder sich an der Person zu rächen, die ihnen früher prophezeit hatte, dass aus ihnen nie etwas werden würde. Ist es in Ordnung, wenn man einfach nur die Konkurrenz schlagen oder endlich einmal besser sein möchte als der Bruder oder die Schwester, die sonst immer vorne lagen? Im Grunde ist es egal, was die Beweggründe sind (solange sie legal und nicht unmoralisch sind). Ihre Motivation muss nicht humanitärer Natur sein. Es zählt allein, dass Sie sich hochmotiviert fühlen. Manchmal kann diese Motivation dazu führen, dass Sie ein starkes negatives Gefühl oder eine schlechte Erfahrung für einen erfolgreichen Ausgang nutzen.

Dies gelang zum Beispiel Pete Carroll, einem der meist gefeierten Footballtrainer. Er erklärt seine Motivation so: »Als Kind war ich etwas kleinwüchsig. Ich konnte nicht viel machen, ich war einfach zu klein. Es dauerte ein paar Jahre, bis ich irgendwo mitspielen konnte. In dieser Zeit lernte ich, dass ich kämpfen musste, um mich zu beweisen. Ich war frustriert, denn ich wusste, dass ich etwas Besonderes leisten könnte.«

Dass Carroll so sehr zu kämpfen hatte, machte ihn schließlich groß.

In einem Interview mit dem berühmten Schauspieler Anthony Hopkins erfuhr ich zu meiner großen Überraschung, dass sich sein außergewöhnliches Talent und seine Entschlossenheit einst von Wut genährt hatten. Hopkins erzählte, ein miserabler Schüler gewesen zu sein. Er litt an Legasthenie und ADHS, auch wenn es diese Diagnosen damals noch nicht gab. Er bekam den Stempel »Problemkind« aufgedrückt.

»Meine Eltern machten sich ständig Sorgen um mich«, verriet uns Hopkins. »Für meine Zukunft sah man schwarz, da Erziehung und Schule so wichtig waren, ich aber anscheinend nicht in der Lage war aufzunehmen, was man mir beibringen wollte. Meine Cousins waren alle brillant. Ich fühlte mich von der Gesellschaft zurückgewiesen, war verbittert und sehr niedergeschlagen.«

Diese Wut machte sich Hopkins zunutze. Zunächst einmal stachelte sie ihn dazu an, für seinen Erfolg jenseits von Sport und Bildung zu kämpfen. Er entdeckte, dass er ein Talent zur Schauspielerei besaß. Also wandelte er seine Wut auf die herabwürdigenden Stempel, die man ihm aufgedrückt hatte, in Energie um und steckte alles in die Schauspielerei. Heute zählt Anthony Hopkins zu den größten Schauspielern weltweit. Sein Erfolg und der daraus resultierende Reichtum ermöglichten es Hopkins, unzähligen Drogenabhängigen dabei zu helfen, wieder gesund zu werden. Außerdem unterstützt er wichtige Umweltprojekte. Obwohl sein Kampf zu Beginn keinen »noblen« Beweggrund hatte, erwies er sich doch als sehr lohnend.

Wir alle können weitreichende Entscheidungen treffen. Wir alle können unser Leben wieder selbst in die Hand nehmen, wenn wir weder Zufall, Schicksal noch andere für unsere Situation verantwortlich machen. Es liegt in unseren Händen, alles zu verändern. Anstatt zuzulassen, dass verletzende Erfahrungen unsere Energie rauben oder unseren Erfolg sabotieren, können wir sie dazu nutzen, positive und konstruktive Veränderungen herbeizuführen.

Ziele

Wie ich bereits erwähnt habe, funktioniert die Gewinnerformel immer, und sie wird Sie immer irgendwohin bringen. Die Frage ist nur, wohin? Sie können diese unbändige Kraft dafür einsetzen, in neue Höhen vorzustoßen. Aber Sie müssen wissen, wohin Sie wollen. Welche Ziele, Träume und Bestimmungen streben Sie an?

Als ich vor einiger Zeit an der Trauerfeier für Paul J. Meyer, einem meiner Mentoren, teilnahm, wurde mir bewusst, wie reich und vielfältig sein Leben gewesen war. Er hatte mehr erreicht, erlebt und beigetragen als ein Dutzend Menschen zusammengenommen. Sein Nachruf ließ mich die Anzahl und die Größe meiner Ziele überdenken. Wenn er jetzt hier wäre, würde er zu uns sagen: »Wenn Sie nicht den Fortschritt machen, den Sie gerne machen würden und könnten, liegt das allein daran, dass Ihre Ziele nicht klar definiert sind.« Über die Bedeutung von Zielen sagte Paul einst sehr einprägsam: »Was Sie sich lebhaft vorstellen, sich brennend wünschen, an was Sie fest glauben und was Sie enthusiastisch anpacken – es wird zwangsläufig irgendwann eintreten!«

Was mein Leben reich gemacht hat? Ich habe gelernt, wie man sich effektiv Ziele setzt und sie erreicht. Wenn man seine kreative Energie auf ein klar definiertes Ziel konzentriert, hat das fast schon einen magischen Effekt. Und das höre ich auch immer wieder: Die weltweit erfolgreichsten Menschen hatten ihre Visionen immer klar vor Augen. Derjenige, der ein klares, überzeugendes Warum hat, für das er glüht, wird immer alle schlagen, die mit dem *Wie* ans Ziel kommen wollen.

Um herauszufinden, welche Ziele Sie eventuell anpassen bzw. sich neu setzen sollten, machen Sie den Alltags-Check auf Seite 236.

Wie Zielsetzung *wirklich* funktioniert: Das »Geheimnis« wird gelüftet

Sie sehen, erleben und bekommen nur das, wonach Sie suchen. Wenn Sie nicht wissen, was Sie suchen, werden Sie es sicherlich auch nicht finden. Wir sind von Natur aus auf der Suche nach Zielen. Unser Gehirn versucht stets, unsere Außenwelt mit dem in Einklang zu bringen, was wir im Inneren sehen und erwarten. Wenn Sie also Ihrem Gehirn sagen, dass es nach den Dingen suchen soll, die Sie wollen, dann werden Sie anfangen, Sie zu sehen. Wahrscheinlich war das Objekt Ihrer Begierde immer in Ihrer Nähe, aber Gehirn und Augen waren ihm gegenüber nicht offen und »sahen« es daher nicht.

Und so funktioniert eigentlich auch das Gesetz der Anziehungskraft. Es handelt sich dabei nicht um mysteriösen, esoterischen Voodoo. Es ist viel einfacher und praktischer als das.

Wir werden täglich von Billionen sensorischer (visueller, auditiver, physischer) Informationen bombardiert. Damit wir nicht den Verstand verlieren, ignorieren wir 99,9 Prozent davon und sehen, hören oder erfahren nur das wirklich, worauf sich unser Gehirn konzentriert. Aus diesem Grund wirkt es so, als ob Sie etwas auf ganz wundersame Weise in Ihr Leben holen, wenn Sie daran »denken«. Aber eigentlich sehen Sie nur etwas erst jetzt, was schon immer da war. Sie »ziehen« es praktisch in Ihr Leben. Es war so lange nicht da oder Ihnen nicht zugänglich, bis Sie Ihren Verstand darauf ausrichteten.

Macht das Sinn? Es ist alles andere als mysteriös, es ist eigentlich nur logisch. Mit dieser neuen Sichtweise konzentriert sich Ihr Gehirn auf das, woran es innerlich denkt und was es daher plötzlich »sieht«, alles innerhalb der 0,1 Prozent, für die die Kapazitäten des Gehirns reichen.

Hier ein Beispiel, das ich gerne heranziehe (weil es so wahr ist!): Wenn Sie ein neues Auto kaufen wollen, dann sehen Sie dieses eine Modell plötzlich überall, richtig? Es scheint, als wären die Straßen von heute auf morgen voll davon. Aber ist das wahrscheinlich? Natürlich nicht. Diese Autos waren die ganze Zeit schon da, aber Sie haben ihnen keine Beachtung geschenkt. Deswegen »existierten« sie für Sie gar nicht, solange Sie nicht auf sie achteten.

Wenn Sie Ihre Ziele definieren, geben Sie Ihrem Gehirn etwas, nach dem es suchen und auf das es sich konzentrieren kann. So als ob Sie Ihrem Gehirn ein neues Paar Augen gäben, mit dem es all die Menschen, Gegebenheiten, Gespräche, Werkzeuge, Ideen und Kreativität sehen kann, die Sie umgeben. Mit dieser neuen Perspektive (einer inneren Route) wird Ihr Gehirn nun wieder versuchen, Ihre Außenwelt mit dem zu vereinen, was sich Ihr Innerstes am meisten wünscht – Ihrem Ziel. So einfach ist das. Es ist unglaublich, wie anders man die Welt erlebt, wenn man seine Ziele klar definiert, wie man sich plötzlich neue Ideen, Menschen und Gelegenheiten in sein Leben holt.

Der Sachbuchautor Brian Tracy formulierte es in einem meiner Interviews mit ihm wie folgt: »Erfolgsmenschen haben klare Ziele. Sie wissen, wer sie sind und was sie wollen. Sie schreiben sie auf und stellen einen Plan auf, um sie zu erreichen. Erfolglose Menschen tragen ihre Ziele in ihrem Kopf herum wie klackernde Murmeln in einer Dose. Ein Ziel, das nicht schriftlich fixiert ist, ist bloße Fantasie. Jeder von uns hat Fantasien, aber Fantasien sind wie Kugeln ohne Patronenpulver. Die Menschen leben ihr Leben und verschießen Platzpatronen, da ihre Ziele nicht festgehalten sind – und damit sollte man eigentlich anfangen.«

Ich schlage vor, Sie nehmen sich *heute* die Zeit, um Ihre wichtigsten Ziele aufzuschreiben. Ich empfehle Ihnen, alle Lebensbereiche mit einzubeziehen, nicht nur das Berufliche oder Finanzielle. Denn Sie bezahlen möglicherweise einen hohen Preis, wenn Sie sich zu sehr auf einen einzelnen Lebensbereich fokussieren und die anderen dabei vernachlässigen. Streben Sie eine gleichmäßige Verteilung von Erfolg in den Lebensbereichen an, die Ihnen wichtig sind: Beruf, Finanzen, Gesundheit und Wohlbefinden, Spiritualität, Familie und Beziehungen, Lifestyle.

Wer Sie werden müssen

Wenn die meisten Menschen sich neue Ziele setzen, fragen sie sich: »Okay, ich habe mein Ziel. Was muss ich jetzt machen, um es zu erreichen?« Das ist keine dumme Frage, aber es ist auch nicht die erste Frage, die man sich stellen sollte. Stattdessen sollte die Frage lauten: »Wer muss ich werden?« Sie kennen bestimmt Menschen, die alles richtig zu machen scheinen, aber trotzdem nicht erfolgreich sind, oder? Warum ist das so? Jim Rohn brachte mir Folgendes bei: »Wenn du mehr willst, musst du mehr *werden*. Erfolg ist nicht etwas, das man verfolgt. Was man verfolgt, wird sich einem entziehen, wie wenn man versucht, Schmetterlinge zu fangen. Erfolg ist etwas, das die Person anzieht, zu der man geworden ist.«

Als ich diese Philosophie erst einmal verstanden hatte … wow! Ich revolutionierte mein Leben und meine persönliche Entwicklung. Als ich Single und bereit war, die Frau meines Lebens zu finden und zu heiraten, schrieb ich eine lange Liste von Eigenschaften, die eine (meine) perfekte Frau haben sollte. Auf mehr als 40 Seiten eines Notizbuches beschrieb ich sie bis ins kleinste Detail – ihren Charakter, Schlüsselmerkmale, Einstellungen und Lebensphilosophien, aus was für einer Familie sie stammt, ihre Kultur und ihr Äußeres, sogar die Beschaffenheit ihres Haars. Ich malte mir aus, wie unser Leben sein würde und was wir zusammen machen würden. Hätte ich mich damals einfach gefragt, was ich machen müsste, um diese Frau zu finden und zu bekommen, würde ich wahrscheinlich immer noch Schmetterlingen hinterherjagen. Stattdessen schaute ich auf meine Liste und überlegte, ob ich diese Eigenschaften auch selbst verkörperte. Besaß ich die gleichen Vorzüge, die ich mir bei ihr wünschte? Ich fragte mich: »Was für einen Mann würde eine Frau wie sie suchen? Zu wem muss ich werden, um für eine Frau ihres Kalibers attraktiv zu sein?«

Ich füllte 40 weitere Seiten damit, all die Charaktereigenschaften, Vorzüge, Verhaltensweisen und Einstellungen zu beschreiben, die ich brauchte, um zu diesem Ich zu werden. Dann begann ich, mir diese Eigenschaften anzueignen. Und wissen Sie was? Es funktionierte! Als wäre sie den Seiten meines Notizbuches entsprungen: Meine Frau, Georgia, ist genau der Mensch, den ich beschrieben und mir gewünscht habe, es ist fast schon gespenstisch. Entscheidend war, dass ich mir darüber klar wurde, wer ich sein musste, um für so eine Frau attraktiv zu sein, und anschließend hart an mir arbeitete, um zu dieser Person zu werden.

★ Um herauszufinden, welche Gewohnheiten Sie ablegen und welche Sie sich aneignen sollten, nutzen Sie den Gewohnheits-Check auf Seite 238.

Benehmen Sie sich

Lassen Sie uns nun eine Strategie entwerfen, wie Sie die Ziele erreichen können, die Sie sich gesetzt haben. Das ist die *Mach*-Strategie oder, in manchen Fällen, die *Unterlass*-Strategie.

Zwischen Ihnen und Ihrem Ziel steht Ihr Verhalten. Gibt es etwas, mit dem Sie aufhören sollten, damit die Gewinnerformel Sie nicht in eine Abwärtsspirale zieht? Und was müssen

Sie gleichzeitig anfangen zu tun, um Ihren Kurs in die vorteilhafteste Richtung zu korrigieren? Anders gesagt: Welche Gewohnheiten und Verhaltensweisen sollten von Ihrem Leben subtrahiert und welche addiert werden?

Ihr Leben lässt sich auf diese Formel herunterbrechen:

SIE →	**ENTSCHEIDUNG +**	**VERHALTEN +**	**GEWOHNHEIT +**	**ADDIERT =**	**ZIELE**
	(Entscheidung)	(Handlung)	(wiederholte Handlung)	(Zeit)	

Deswegen ist es zwingend notwendig herauszufinden, welches Verhalten Ihnen den Weg versperrt und welches Ihnen beim Erreichen Ihrer Ziele hilft.

Sie denken vielleicht, dass Sie Ihre schlechten Gewohnheiten im Griff haben, aber ich wette mit Ihnen, dass Sie falschliegen. Ich wiederhole: Deswegen ist Tracking so effektiv. Jetzt mal ehrlich, wissen Sie wirklich, wie viele Stunden am Tag Sie fernsehen? Und wie viele Stunden Sie mit neuen Serien oder Sport- und Lifestyle-Medien verbringen, die Sie über die Tore und Erfolge anderer informieren? Wissen Sie, wie viele Softgetränke Sie trinken? Oder wie viele Stunden Sie mit unproduktiver »Arbeit« am Computer (Facebook, Twitter, Online-Klatsch etc.) verschwenden? Bereits im vorigen Kapitel habe ich ja betont, dass Ihre erste Aufgabe darin bestehen wird, sich über Ihr Verhalten bewusst zu werden. Wo in Ihrem Beruf schlafwandeln Sie? Wo haben Sie unbewusst eine schlechte Gewohnheit entwickelt, die Sie vom Weg abbringt?

Erst vor Kurzem bat mich eine erfolgreiche Führungskraft, mit der ich im Vorstand einer gemeinnützigen Organisation sitze, ihm dabei zu helfen, seine Produktivität zu steigern. Es lief gut für ihn, aber er wusste, dass er mit etwas Coaching seine Zeit und seinen Output weiter optimieren könnte. Ich ließ ihn eine Woche lang seine Aktivitäten aufschreiben, und mir fiel etwas auf, das ich häufig sehe: Er verbrachte sehr viel Zeit damit, die Nachrichten zu verfolgen: Er las 45 Minuten am Morgen Zeitung, hörte weitere 30 Minuten auf dem Weg zur Arbeit Nachrichten, und dann das Gleiche nochmal auf dem Rückweg. Während seines Arbeitstages checkte er mehrmals online Nachrichtenupdates, insgesamt mindestens 20 Minuten lang. Wenn er nach Hause kam, sah er sich noch die letzten 15 Minuten der Lokalnachrichten an, während er seine Familie begrüßte. Dann brachte er sich noch für eine halbe Stunde beim Sport auf den neuesten Stand und schaute die 22-Uhr-Nachrichten, bevor er zu Bett ging. Insgesamt konsumierte er täglich 3,5 Stunden Nachrichten! Und er arbeitete nicht als Ökonom oder Rohstoffhändler, seine Arbeit hing nicht von den neuesten Entwicklungen ab. Die Zeit, die er in Zeitungen und Nachrichtensendungen im Radio oder Fernsehen investierte, ging weit über das hinaus, was nötig war, um ein informierter Wähler und ein aktives Mitglied der Gesellschaft zu sein oder um seine persönlichen Interessen zu verfolgen. Tatsächlich bezog er aufgrund seiner Programmentscheidung – beziehungsweise aufgrund seiner *fehlenden* Entscheidung – nur wenig wertvolle Informationen. Warum verbrachte er also fast vier Stunden am Tag mit dem Konsumieren von Informationen? Es war Gewohnheit.

Ich schlug ihm vor, Fernseher und Radio ausgeschaltet zu lassen, sein Zeitschriftenabonnement zu kündigen und einen RSS-Feed einzurichten, damit er nur Nachrichten auswählen und empfangen konnte, die er für seine Arbeit und seine persönlichen Interessen für wichtig erachtete. Er tat es und befreite sich so von 95 Prozent des benebelnden und zeitraubenden Informationslärms. Er konnte nun in weniger als 20 Minuten alle Nachrichten verfolgen, die ihm wichtig waren. Nun blieben ihm die 45 Minuten am Morgen (sein Arbeitsweg) und die eine Stunde am Abend für produktivere Aktivitäten: Sport machen, lesen, lehrreiche oder anregende Hörbücher bzw. Podcasts hören, planen, vorbereiten und wertvolle Zeit mit seiner Familie verbringen. Er erzählt, dass er sich so stressfrei fühlt wie nie zuvor (viele schlechte Nachrichten machen meist nervös) und viel inspirierter und fokussierter. Eine kleine, einfache Veränderung seiner Gewohnheiten, ein großer Schritt in Richtung Balance und Produktivität!

Für den Fall, dass Sie mit diesem Beispiel nicht viel anfangen können, weil Sie kein Nachrichten-Junkie sind, habe ich noch ein anderes auf Lager. Ich bin mir sicher, dass Ihnen dieses Beispiel mehr sagt, weil es um etwas geht, das so viele Menschen heute in unserer stark vernetzten Welt betrifft (mich eingeschlossen!). Und zwar handelt es sich um ein Phänomen, das Psychologen »Digiphrenie« nennen. Darunter versteht man einen bestimmten geistigen Zustand, der durch die ständige Bombardierung mit digitalem Input ausgelöst wird. In meinem Programm »INSANE PRODUCTIVITY« (InsaneProductivity.com) spreche ich über dieses Phänomen und darüber, wie wichtig es ist, diese schlechte Angewohnheit in den Griff zu bekommen.

Die schlechten Gewohnheiten, die sich im Umgang mit Technologien entwickelt haben, sind heute so salonfähig geworden, dass vielen gar nicht bewusst ist, wie sehr es ihre Fähigkeit beeinträchtigt, sich zu konzentrieren, am Ball zu bleiben und Ziele zu verfolgen. Stets aufnahmebereit zu sein und der Welt rund um die Uhr Aufmerksamkeit zu schenken – das ist eine neue Realität, mit der die meisten noch nicht richtig umgehen können. Die Technologien, die wir entwickelt haben, um das Leben einfacher und produktiver zu machen, haben das Gegenteil bewirkt. Sie sind wunderbare Werkzeuge, aber auch schreckliche Sklaventreiber. Und wir haben uns ihnen schnell unterworfen.

Ein Teilnehmer an meinem INSANE-PRODUCTIVITY-Programm, Sergio, erklärte es so: »Digiphrenie hat meine Produktivität stark beeinträchtigt. Vorher war mir nicht klar, wie viel Zeit mir dadurch am Tag verloren ging. Das Schlimmste war, dass ich so schwer einschätzen konnte, wie oft und wie lange ich mein Handy benutzte. Schließlich installierte ich eine App, die nachvollzog, wie oft und wie lange der Bildschirm an ist. Ich war schockiert, als ich herausfand, dass ich vier bis fünf Stunden täglich an meinem Handy verbrachte und es fast 150 Mal am Tag checkte.«

Pete, der das gleiche Programm absolvierte, gab zu: »Ich dachte, mein Verhalten sei normal, aber mein iPhone und mein Computer bestimmten damals mein Leben. Ich kontrollierte meinen Posteingang alle paar Minuten (auch beim Schlafengehen und nach dem Aufwachen), verschickte WhatsApps, las mehrmals pro Stunde Nachrichten online, überprüfte ständig meine Wohnung (Raumtemperatur und Türschloss) und vieles mehr. Diese Ablenkungen ließen mich im Umgang mit meinen Kunden und meiner Familie weniger präsent sein. Auf meinen vielen Computermonitoren waren stets mindestens fünf Anwendungen offen. Während eines Telefonats checkte ich gleichzeitig meine RSS-Feeds, shoppte im Internet oder beantwortete E-Mails.«

Ich bin froh, Ihnen mitteilen zu können, dass sowohl Sergio als auch Pete, zwei der mehr als 35.000 Programmteilnehmer, ihren Handykonsum wieder im Griff haben und der Digiphrenie Adieu sagen konnten. Genauso wie nährstoffarmes Essen in Massen Ihren Körper dick macht, führt nährstoffarme Information in Massen zu mentalem Übergewicht. Wenn Sie sich von Technologien zu sehr ablenken lassen, werden Sie geistigen Diabetes bekommen.

Und jetzt sind Sie an der Reihe. Holen Sie Ihr kleines Notizbuch heraus und notieren Sie Ihre drei wichtigsten Ziele. Machen Sie nun eine Liste der schlechten Gewohnheiten, die Ihren Fortschritt in jedem Bereich sabotieren können. *Schreiben Sie alle auf.*

Gewohnheiten und Verhaltensweisen lügen nicht. Wenn es eine Diskrepanz gibt zwischen dem, was Sie sagen, und dem, was Sie tun, dann werde ich immer Ihren *Taten* Glauben schenken. Wenn Sie mir sagen, dass Sie gesund leben möchten, aber gleichzeitig Nacho-Käse auf Ihrem Hemd haben, dann glaube ich den Nachos. Wenn Sie sagen, dass Selbstoptimierung Ihre Priorität sei, Sie aber mehr Zeit mit Ihrer Xbox als in der Bibliothek verbringen, dann glaube ich der Xbox. Wenn Sie von sich behaupten, professionell und engagiert zu sein, aber immer zu spät und unvorbereitet erscheinen, dann verrät Sie Ihr Verhalten jedes Mal. Sie sagen, die Familie sei Ihre höchste Priorität? Wenn Sie in Ihrem vollgepackten Kalender nicht auftaucht, dann ist sie das nicht, glauben Sie mir. Betrachten Sie jetzt die Liste mit Ihren schlechten Gewohnheiten. Da steht die Wahrheit über Sie. Jetzt können Sie entscheiden, ob das in Ordnung ist, oder ob Sie etwas ändern wollen.

Als Nächstes listen Sie all die Gewohnheiten auf, die Sie annehmen und leben müssen, um Ihre Ziele zu erreichen.

Verschwenden Sie bei dieser Liste keine Energie darauf, sich selbst zu verurteilen oder etwas zu bereuen. Darum geht es nicht. Es geht darum, einen klaren Blick auf das zu bekommen, was Sie verbessern wollen. Aber dabei belasse ich es nicht. Lassen Sie uns diese schlechten Gewohnheiten samt Wurzeln herausreißen und an ihrer Stelle neue, positive und gesunde Gewohnheiten pflanzen.

Game Changer: Fünf Strategien gegen schlechte Gewohnheiten

Gewohnheiten sind erlernt, daher kann man sie auch wieder verlernen. Wenn Sie Ihr Leben auf einen neuen Kurs bringen wollen, dann müssen Sie zuerst die Anker der schlechten Gewohnheiten einholen, die Sie festhalten. Entscheidend ist, Ihre Warum-Kraft so stark zu machen, dass sie mächtiger ist als Ihr Verlangen nach sofortiger Belohnung. Und dafür brauchen Sie eine neue Strategie. Hier verrate ich Ihnen meine besten Game Changer:

1. Identifizieren Sie Ihre Triggerpunkte

Schauen Sie auf die Liste Ihrer schlechten Gewohnheiten. Finden Sie heraus, wodurch jede einzelne Gewohnheit ausgelöst wird. Überlegen Sie sich, was die »vier Ws« sind – Wer, Was, Wo, Wann –, die jedem Verhalten zugrunde liegen. Zum Beispiel:

- ★ Ist es wahrscheinlicher, dass Sie zu viel trinken, wenn Sie mit bestimmten Menschen zusammen sind?
- ★ Gibt es eine bestimmte Tageszeit, zu der Sie unbedingt etwas Süßes brauchen?
- ★ Welche Gefühle provozieren Ihre schlechtesten Gewohnheiten – Stress, Erschöpfung, Wut, Nervosität oder Langeweile?
- ★ Wann haben Sie diese Gefühle? Mit wem sind Sie dann zusammen, wo sind Sie oder was machen Sie?

- ★ In welchen Situationen zeigen sich Ihre schlechten Gewohnheiten – wenn Sie ins Auto steigen, vor einem Mitarbeitergespräch, beim Besuch der Schwiegereltern? Konferenzen? Soziale Anlässe? Unsicherheiten in Bezug auf Ihren Körper? Deadlines?
- ★ Schauen Sie sich Ihre Routinen genau an. Was sagen Sie normalerweise, wenn Sie aufwachen? Wenn Sie eine Kaffee- oder Mittagspause machen? Wenn Sie nach einem langen Tag nach Hause kommen?

Holen Sie also wieder Ihr Notizbuch heraus und schreiben Sie Ihre Trigger auf. Schon allein diese einfache Handlung erhöht Ihr Bewusstsein für Ihre Routinen deutlich. Aber damit ist es leider noch nicht getan. Denn wie wir gesehen haben, führt allein das gesteigerte Bewusstsein für eine schlechte Angewohnheit nicht dazu, dass man sie sich abgewöhnt.

2. Misten Sie aus

Krempeln Sie die Ärmel hoch! Und das meine ich im wörtlichen wie im übertragenen Sinne. Wenn Sie keinen Alkohol mehr trinken wollen, dann entfernen Sie jetzt jeden noch so winzigen Tropfen aus Ihrem Haus. Entledigen Sie sich der Gläser, Cocktailutensilien und Aperitif-Snacks. Wenn Sie weniger Zeit vor dem Fernseher verbringen möchten, kündigen Sie Ihr Netflix-, AmazonPrime- oder Kabel-Abo. Wenn Sie Ihre Ausgaben reduzieren wollen, dann nehmen Sie sich einen Abend die Zeit, um alle Kataloge oder Newsletter abzubestellen. So müssen Sie sich nicht mal mehr dazu überwinden, sie von der Haustür bis zur Papiertonne zu bringen. Wenn Sie sich gesünder ernähren wollen, dann räumen Sie alles Ungesunde aus Ihren Schränken und kaufen Sie kein Junkfood mehr – und lassen Sie sich nicht von dem Argument verunsichern, dass es doch nicht »fair« sei, anderen in Ihrer Familie Junkfood zu verweigern, bloß weil Sie es nicht mehr essen wollen. Jeder in Ihrer Familie profitiert davon. Bringen Sie es nicht ins Haus, Punkt. Entledigen Sie sich von allem, was Ihre schlechten Gewohnheiten ermöglicht.

3. Ersetzen Sie schlechte Gewohnheiten

Schauen Sie noch einmal auf die Liste Ihrer schlechten Gewohnheiten. Wie können Sie sie verändern, damit sie nicht mehr so schädlich sind? Können Sie sie durch gesündere Gewohnheiten ersetzen oder vielleicht ganz damit aufhören? Soll heißen: für immer?

Jeder, der mich kennt, weiß, dass ich nach dem Essen gerne etwas Süßes nasche. Wenn Eis im Haus ist, dann wird dieses »etwas Süßes« zu einem großen Bananensplit mit allem, was dazugehört (1.255 Kalorien). Diese schlechte Gewohnheit habe ich durch zwei Schokopralinen ersetzt (50 Kalorien). Ich kann also meinen Gelüsten noch immer nachgeben, aber ohne danach eine Extrastunde auf dem Laufband verbringen zu müssen, um das wieder auszugleichen.

Meine Schwägerin hatte sich irgendwann angewöhnt, vor dem Fernseher immer salziges Knabberzeug zu essen. Sie futterte sich durch eine ganze Tüte Tortilla-Chips, ohne es wirklich wahrzunehmen. Dann fiel ihr auf, dass sie dieses Knuspern im Mund daran eigentlich am meisten genoss. Sie beschloss, ihre schlechte Gewohnheit durch knackige Karotten, Selleriestangen und rohe Brokkolistifte zu ersetzen. Sie hatte so das gleiche Gefühl im Mund und nahm gleichzeitig die empfohlene Menge an Gemüse pro Tag zu sich.

Ein ehemaliger Mitarbeiter von mir hatte es sich zur Gewohnheit gemacht, acht bis zehn Flaschen Diät-Cola zu trinken (das ist eine SCHLECHTE Angewohnheit!). Ich schlug ihm vor, dass er stattdessen Sprudelwasser mit niedrigem Natriumgehalt und frischer Zitrone, Limette oder Orange trinken sollte. Er tat das für etwa einen Monat. Dann wurde ihm bewusst, dass er die Kohlensäure gar nicht brauchte, und er ging zu ganz normalem Wasser über.

Spielen Sie also etwas mit kleinen Änderungen und schauen Sie, welche Verhaltensweisen Sie ersetzen, abschaffen oder verändern können.

4. Lassen Sie es langsam angehen

Ich lebe in der Nähe des Pazifischen Ozeans. Wenn ich schwimmen gehe, gewöhne ich erst meine Füße an die Wassertemperatur, dann gehe ich bis zu den Knien hinein, danach bis zur Hüfte und schließlich bis zur Brust. Erst dann tauche ich unter. Manche Leute rennen einfach los, tauchen ein und bringen es hinter sich – gut für sie. Ich nicht. Ich lasse es gerne langsam angehen (wahrscheinlich wegen eines

Kindheitstraumas, siehe nächste Strategie). Bei manchen Ihrer langjährigen und hartnäckigen Gewohnheiten ist es vielleicht effektiver, kleine Schritte zu gehen, um sie sich abzugewöhnen. Sie haben diese vielleicht jahrzehntelang wiederholt, zementiert und verstärkt. Es kann also sinnvoll sein, sich selbst etwas Zeit zu geben, um sie Schritt für Schritt abzulegen.

Vor ein paar Jahren empfahl der Arzt meiner Frau, mehrere Monate auf Koffein zu verzichten. Wir lieben beide unseren Kaffee. Und da geteiltes Leid halbes Leid ist, beschloss ich, ebenfalls darauf zu verzichten. Zunächst fingen wir mit 50/50 an: Wir tranken eine Woche lang 50 Prozent entkoffeinierten und 50 Prozent regulären Kaffee. Dann eine Woche lang 100 Prozent entkoffeinierten Kaffee. Dann für eine Woche entkoffeinierten Earl-Grey-Tee, gefolgt von entkoffeiniertem Grüntee. Es dauerte zwar einen Monat, bis wir unser Ziel erreichten, aber dafür litten wir nie an den Symptomen eines Koffeinentzugs – keine Kopfschmerzen, keine Müdigkeit, keine Benommenheit, kein nichts. Hätten wir von heute auf morgen auf Koffein verzichtet … ich will gar nicht daran denken.

5. Springen Sie ins kalte Wasser

Wir alle funktionieren anders. Manche Studien haben ergeben, dass es paradoxerweise für Menschen einfacher sein kann, ihren Lebensstil zu ändern, wenn sie viele schlechte Gewohnheiten auf einmal ablegen. Der Kardiologe Dr. Dean

Ornish machte zum Beispiel die bahnbrechende Entdeckung, dass Herzerkrankungen durch eine drastische Veränderung der Lebensgewohnheiten geheilt werden können – ganz ohne Medikamente oder chirurgische Eingriffe. Er stellte fest, dass es für die Patienten häufig einfacher war, sich von heute auf morgen von fast allen ihren schlechten Gewohnheiten zu trennen. Er ließ sie an einem Trainingsprogramm teilnehmen, bei dem ihre fett- und cholesterinreiche Ernährung durch fettarme ersetzt wurde. Das Programm beinhaltete Sport – Laufen oder Joggen, anstatt auf der Couch zu sitzen – sowie Techniken zur Stressreduktion und andere gesunde Gewohnheiten für das Herz. In weniger als einem Monat lernten diese Patienten, lang gehegte Gewohnheiten abzulegen und neue willkommen zu heißen – und nach einem Jahr verbesserte sich ihr Gesundheitszustand dramatisch. Ich persönlich denke, das ist eher die Ausnahme, aber Sie müssen selbst herausfinden, welche Strategie für Sie am besten ist.

Als ich ein Kind war, zelteten wir oft an einem wenig bekannten See namens Lake Rollins. Der See, der sich unweit von den Sierras Nordkaliforniens befindet, wird von den Gletschern am Fuße des Lake Tahoe gespeist. Das Wasser ist eiskalt. Jeden Tag bestand mein Vater darauf, dass ich in diesem Polarteich Wasserski fuhr. Den Tag verbrachte ich in banger Erwartung dieses Moments. Ich liebte es, Wasserski zu fahren, aber ich hasste es, *ins* Wasser zu gehen. Eine Zwickmühle, denn natürlich konnte man das eine nicht ohne das andere haben.

Mein Vater stellte sicher, dass ich kein einziges Mal kniff, manchmal warf er mich sogar eigenhändig ins Wasser. Nach einigen qualvollen Sekunden, in denen ich gefühlt erfror, empfand ich das Wasser als erfrischend und belebend. Meine Angst davor, ins Wasser gehen zu müssen, war eigentlich schlimmer, als es dann tatsächlich zu tun. Hatte mein Körper sich erst einmal akklimatisiert, war das Wasserskifahren ein großer Spaß. Und trotzdem war mir jedes Mal angst und bange, bevor ich wieder gelöst im Wasser schwamm.

Diese Erfahrung kann man mit dem plötzlichen Ablegen oder Ändern einer schlechten Gewohnheit vergleichen. Für eine kurze Zeit kann es qualvoll sein, oder zumindest sehr unangenehm. Aber ähnlich wie ein Körper sich an die Veränderung seiner Umwelt anpasst – durch einen Prozess namens Homöostase –, können wir uns an die Veränderung unseres Verhaltens anpassen. Und normalerweise gewöhnen sich Körper und Geist recht schnell an neue Umstände.

Manchmal hilft es nicht, langsam ins Wasser zu waten. Manchmal muss man wirklich hineinspringen. Ich möchte, dass Sie sich jetzt fragen: »Wo kann ich langsam beginnen und es verantworten?« Und: »Wo sollte ich vielleicht den Sprung wagen? In welchem Bereich bin ich Qualen oder Unbehagen aus dem Weg gegangen, obwohl ich tief im Inneren eigentlich wusste, dass ich mich schnell anpassen würde?«

Einer meiner ehemaligen Partner hat einen Bruder, der Alkoholiker war. Er atmete Bier nur so ein, war häufig in Schlägereien in Bars verwickelt und ansonsten ein echter

Partylöwe. Er trank zum Mittagessen, zum Abendessen, nach dem Abendessen und das ganze Wochenende über. Eines Tages war er auf der Hochzeit eines ehemaligen College-Zimmerkollegen, als er den Bruder seines Freundes sah. Er war zehn Jahre älter als die beiden, sah aber zehn Jahre jünger aus! Er beobachtete ihn dabei, wie er während der Feier tanzte, lachte, spielte und dabei eine Vitalität ausstrahlte, die er selbst viele Jahre lang nicht verspürt hatte. In diesem Moment beschloss er, nie wieder einen Tropfen Alkohol anzurühren. Kalter Entzug, das war's, nie wieder. Und das zieht er durch, seit mittlerweile 15 Jahren.

Wenn es darum geht, schlechte Gewohnheiten im Privaten zu ändern, dann bin ich ein Warmduscher. Aber beruflich habe ich für mich herausgefunden, dass der große Sprung ins kalte Wasser viel effektiver ist. Wenn es darum geht, neue Geschäfte anzupacken oder neue Beziehungen zu Kunden, Partnern oder Investoren aufzubauen, dann ist es mit Warmduschen meist nicht getan. Jedes Mal rufe ich mir den Lake Rollins und das eiskalte Wasser in Erinnerung und weiß dann, wie schwer mancher Anfang ist. Aber ich weiß auch, dass es innerhalb kürzester Zeit berauschend sein kann, und das ist mir das anfängliche Unwohlsein wert.

Testen Sie Ihre Laster

Ich sage Ihnen nicht, dass Sie alles »Schlechte« aus Ihrem Leben verbannen sollen. Fast alles ist bis zu einem gewissen Maße gut. Aber wie können Sie einschätzen, ob eine schlechte Gewohnheit Sie kontrolliert? Ich glaube daran, dass man seine Laster testen sollte. Von Zeit zu Zeit mache ich eine »Lasterfastenkur«. Ich knöpfe mir ein Laster vor und schaue, ob ich noch immer das Alphatier in unserer Beziehung bin. Meine Laster sind Kaffee, Eis, Wein und Filme. Dass ich süchtig nach Eis bin, habe ich Ihnen ja bereits erzählt. Bei Wein möchte ich sichergehen, dass ich das Glas genieße und den Tag damit zelebriere und nicht versuche meine schlechte Laune darin zu ertränken.

Alle drei Monate verzichte ich 30 Tage lang auf eines dieser Laster (das rührt bestimmt von meiner katholischen Erziehung zum Fasten). Ich beweise mir gerne selbst, dass ich noch das Sagen habe. Probieren Sie es auch einmal aus. Wählen Sie ein Laster – etwas, dem Sie in Maßen frönen, aber von dem Sie gleichzeitig wissen, dass es nicht zu Ihrem Besten ist – und begeben Sie sich in eine 30-tägige Testphase. Wenn Sie ernsthafte Probleme damit haben sollten, darauf 30 Tage zu verzichten, dann haben Sie vielleicht eine Gewohnheit gefunden, die Sie vollständig ablegen sollten.

Game Changer: Sechs Techniken zur Etablierung guter Gewohnheiten

Jetzt, da wir Ihnen dabei geholfen haben, mit den schlechten Gewohnheiten aufzuräumen, die Sie auf falsche Fährten führen, müssen wir neue Entscheidungen, Verhaltensweisen und letztendlich Gewohnheiten schaffen, die Sie endlich in Reichweite Ihrer größten Wünsche bringen. Eine schlechte Gewohnheit abzulegen bedeutet, Ihre Routine zu verändern. Neue, produktivere Gewohnheiten zu etablieren erfordert ein komplett anderes Know-how. Sie pflanzen einen Baum, bewässern ihn, düngen ihn und gehen sicher, dass er Wurzeln schlagen kann. Das kostet Mühe, Zeit und Übung. Hier meine Lieblingstechniken, um sich gute Gewohnheiten anzueignen.

Der Leadership-Experte John C. Maxwell sagte einmal: »Sie werden Ihr Leben nie ändern, solange Sie nicht etwas ändern, das Sie täglich tun. Das Geheimnis Ihres Erfolgs liegt in der täglichen Routine.« Laut Forschungsergebnissen braucht es 300 Momente positiver Verstärkung, damit eine neue Gewohnheit unbewusst ausgeführt wird – das entspricht fast einem Jahr! Zum Glück, das haben wir ja schon gesehen, ist die Chance viel höher, eine neue Gewohnheit erfolgreich zu festigen, wenn wir uns drei Wochen lang darauf konzentrieren. Soll heißen, wenn wir einer neuen Gewohnheit in den ersten drei Wochen *täglich* besondere Aufmerksamkeit schenken, dann wird sie möglicherweise zur lebenslangen Routine.

Die Wahrheit ist: Sie können eine Gewohnheit von jetzt auf gleich ändern, oder Sie versuchen zehn Jahre lang, damit zu brechen. Als Sie das erste Mal eine heiße Herdplatte anfassten, wussten Sie sofort, das würde nicht zur Gewohnheit werden. Schock und Schmerz waren so groß, dass sie sich für immer in Ihr Bewusstsein einprägten. In der Nähe eines heißen Herdes würden Sie für den Rest Ihres Lebens aufmerksam sein.

Der Schlüssel liegt in der Sensibilisierung. Wenn Sie eine gute Gewohnheit wirklich beibehalten wollen, denken Sie mindestens einmal am Tag bewusst daran. Das erhöht Ihre Erfolgschancen um einiges.

1. Kurs auf Erfolg nehmen

Jede neue Gewohnheit muss sich in Ihr Leben und Ihren Lebensstil einfügen lassen. Wenn Sie in einem Fitnessstudio Mitglied werden, das 30 Kilometer entfernt ist, werden Sie nie hingehen. Wenn Sie eine Nachteule sind, das Fitnessstudio aber um 18 Uhr schließt, ist das nichts für Sie. Ihr Fitnessstudio sollte bequem erreichbar sein und in Ihren Tagesablauf passen. Wenn Sie abnehmen und sich gesünder ernähren wollen, sorgen Sie dafür, dass Kühlschrank und Speisekammer mit gesunden Lebensmitteln gefüllt sind. Sie wollen sicherstellen, dass Sie Ihren mittäglichen Heißhunger nicht am Snackautomaten stillen? Haben Sie in einer Schreibtischschublade immer Nüsse und gesunde Snacks vorrätig. Bei Hunger greift man schnell zu leeren Kalorien.

Meine Strategie ist es, immer Proteine dabeizuhaben. Ich brate sonntags eine große Portion Hühnchen an und portioniere es dann für die Woche.

Eine der Gewohnheiten, die mich am meisten ablenkt und mir schadet, ist meine E-Mail-Sucht. Ich meine das ernst, es ist nicht zum Lachen. Wenn ich nicht aufpasse, kann ich mich manchmal stundenlang nicht richtig konzentrieren, weil so viele E-Mails mein Postfach überfluten und ich nicht organisiert und fokussiert bleibe. Um die Weichen für meine neue Gewohnheit – E-Mails nur dreimal am Tag zu checken – zu stellen, sind alle automatischen Empfangsbenachrichtigungen abgeschaltet, und ich schließe die Anwendung, wenn ich mich nicht in einem dieser drei Zeitfenster befinde. Ich habe um diesen Zeitfresser also Mauern gebaut, da ich ihm sonst wohl ständig in die Falle ginge.

2. Addition statt Subtraktion

Als ich den Talkshow-Moderator Montel Williams für das *SUCCESS*-Magazin interviewte, erzählte er mir von der strengen Diät, die er einhalten musste, da er an Multipler Sklerose litt. Montel praktizierte das sogenannte »Hinzufügungsprinzip«, was wahrscheinlich jedem, der ein Ziel hat, sehr nützlich sein kann.

»Entscheidend ist nicht, was Sie bei Ihrer Ernährung weglassen«, erklärte er mir. »Entscheidend ist, was Sie stattdessen *hinzufügen.*« Das wurde bei ihm auch zu einer Analogie für das Leben. Anstatt daran zu denken, was ihm entsagt bleibt oder was er aus seiner Ernährung streichen muss (zum Beispiel: »Ich darf Burger, Schokolade oder Milchprodukte nicht essen«), denkt er daran, was er stattdessen essen kann (zum Beispiel: »Heute esse ich Salat, gedämpftes Gemüse und Feigen«). Er konzentriert sich auf das, was er essen darf, sodass er nicht länger vermisst oder begehrt, was er nicht essen darf. Anstatt seinen Verzicht zu beklagen, denkt Montel an das, was er »hinzufügen« kann. Das ist viel wirkungsvoller.

Einer meiner Freunde wollte mit der schlechten Gewohnheit brechen, zu viel Zeit mit Fernsehen zu verschwenden. Um ihm dabei zu helfen, fragte ich ihn, was er denn mit drei Stunden Freizeit machen würde, wenn er sie hätte. Er sagte, er würde mehr mit seinen Kindern spielen. Ich bat ihn, sich ein Hobby zu überlegen, etwas, das er schon immer einmal ausprobieren wollte. Er entschied sich für das Fotografieren. Als absoluter Techniknarr ging er sofort los und besorgte sich eine Hightechausrüstung, die er dann oft zu Familienausflügen mitschleppte, um schöne Bilder von seinen Kindern zu schießen. Dann brachte er viele Stunden am Abend damit zu, Fotoalben und Diashows zusammenzustellen, die die ganze Familie genießen konnte. Am Ende verbrachten sie mehr Zeit zusammen, lachten viel und schwelgten in Erinnerungen an die schöne Zeit. Da er so auf seine Kinder und die Fotografie konzentriert war, fand er gar keine Zeit oder Lust mehr, abends vor dem Fernseher zu sitzen. Ihm wurde klar, dass er vor allem deswegen so viel ferngesehen hatte, weil ihn das nach der Arbeit recht einfach abschalten ließ. Indem er das Fernsehen mit einer neuen Gewohnheit ersetzte – nämlich mit seinen Kindern zu spielen und seiner Tätigkeit als Hobbyfotograf nachzugehen –, entdeckte er Beschäftigungen, die viel wirkungsvoller und wertvoller waren.

Was könnten Sie »hinzufügen«, um Ihr Leben zu bereichern?

3. Im Rampenlicht Verantwortung übernehmen

Stellen Sie sich eine Politikerin vor, die den Amtseid ablegt. »Hiermit schwöre ich feierlich …«, und dann hält sie eine Rede darüber, wie sie gedenkt, ihre Wahlkampfversprechen umzusetzen. Nachdem sie sich öffentlich erklärt hat, weiß sie ganz genau, dass sie in Zukunft für alles Rechenschaft ablegen muss, was nicht dem entspricht, was sie versprochen hat, und dass sie für jeden Schritt in Richtung ihrer Ziele gefeiert wird.

Wollen Sie eine neue Gewohnheit festigen? Sorgen Sie dafür, dass Big Brother Sie beobachtet. Das war nie einfacher als jetzt, mit all den sozialen Medien. Ich hörte von einer Frau, die ihre Finanzen in den Griff bekommen wollte und jeden Cent, den sie täglich ausgab, auf einem Blog öffentlich machte. So konnten Familie, Freunde und viele Kollegen ihre Ausgaben nachverfolgen. Diese vielen prüfenden Augen ließen sie deutlich verantwortungsbewusster und disziplinierter im Umgang mit Geld werden.

Ich half einmal einer Kollegin dabei, mit dem Rauchen aufzuhören, indem ich allen in der Firma erzählte: »Hört mal her! Zelda hat beschlossen, mit dem Rauchen aufzuhören! Ist das nicht großartig? Sie hat gerade ihre letzte Zigarette geraucht!« Dann hängte ich einen großen Wandkalender an die Trennwand ihres Büroabteils. An jedem Tag, an dem sie nicht rauchte, durfte Zelda ein großes rotes X in den Kalender zeichnen. Die Kollegen wurden darauf aufmerksam und begannen, sie anzufeuern. Die Parade des großen roten X wurde immer länger, das Ganze entwickelte ein Eigenleben. Zelda wollte weder den Kalender noch die Kollegen oder sich selbst enttäuschen. Also hörte sie mit dem Rauchen auf!

Erzählen Sie es Ihrer Familie. Erzählen Sie es Ihren Freunden. Erzählen Sie es Facebook und Twitter. Lassen Sie alle wissen, dass ab jetzt alles anders wird und Sie der Boss sind.

4. Einen Erfolgs-Buddy finden

Es gibt nur wenige Dinge, die so wirkungsvoll sind wie zwei Leute, die Arm in Arm in Richtung desselben Ziels marschieren. Suchen Sie sich einen Erfolgs-Buddy, um Ihre Erfolgschancen zu vergrößern. Jemanden, der Sie zur Rechenschaft zieht, wenn Sie Ihre neue Gewohnheit noch festigen müssen, und andersherum. Ich habe zum Beispiel einen »Höchstleistungspartner«. Jeden Freitag um Punkt 11 Uhr führen wir ein 30-minütiges Telefonat, in dem wir uns von unseren Erfolgen, Niederlagen und Aha-Momenten erzählen, das nötige Feedback geben und uns gegenseitig zur Rechenschaft ziehen. Sie könnten sich zum Beispiel einen Erfolgs-Buddy für regelmäßige Spaziergänge, Läufe oder Fitnessstudiobesuche suchen, oder für den Austausch von und über Bücher zur Persönlichkeitsentwicklung.

5. Konkurrenz & Kameradschaft

Es geht doch nichts über ein bisschen Konkurrenz, um den Wettbewerbsgeist zu schärfen und sich blitzschnell auf eine neue Gewohnheit einzulassen. Das möchte ich gerne anhand eines Beispiels veranschaulichen. Letzten Sommer organisierte ich für die 350.000 Teilnehmer meines Darren-Daily-Programms einen Wettbewerb. Wir nannten ihn die »90-Tage-Raven-Lauf-Challenge«, nach einem berühmten Läufer von South Beach, nämlich Robert »Raven« Kraft. Raven läuft seit mehr als 45 Jahren (Stand heute) täglich fast 13 Kilometer auf dem weißen Sandstrand von South Beach, Miami. Noch nie setzte er auch nur für einen Tag aus (trotz Orkanen, Schienbeinkantensyndrom, Knochenbrüchen, Nahrungsmittelvergiftung, Lungenentzündung usw.).

Die Challenge war einfach: Mindestens 1,5 Kilometer sollte man laufen, jeden Tag, insgesamt 90 Tage lang. Hey, wenn Raven bis dato an 16.500 Tagen 13 Kilometer laufen kann, schaffen wir 90 Tage lang 1,5 Kilometer – keine Ausreden!

Ich ging davon aus, dass viele Darren-Daily-Teilnehmer mit der Challenge beginnen würden. Aber zugegebenermaßen dachte ich auch, dass die meisten es nicht schaffen würden. Tatsächlich wettete ich mit meinem Team, dass nicht einmal zehn Prozent die 90 Tage durchhalten würden. Der Mangel an Konsequenz ist die Achillesferse des Menschen.

Was ich nicht bedachte, war die Dynamik des Wettstreits und der Ansporn, den Kameradschaft verleiht. Mehr als dreimal so viele Teilnehmer, als ich ursprünglich angenommen hatte, beendeten die Challenge erfolgreich!

Doch kaum war der Wettkampf vorbei, brach die Laufpraxis komplett ein – nach nur einem Monat um mehr als 60 Prozent. Es war faszinierend. Als wir einen zweiten Wettbewerb organisierten, waren die Begeisterung und die Konsequenz sofort wieder da. Es braucht also nur ein wenig Wettbewerb, damit Menschen am Ball bleiben – außerdem wird das Gemeinschaftsgefühl gestärkt, man erlebt etwas zusammen, hat Spaß und geht kameradschaftlich miteinander um.

Was für einen Wettbewerb könnten Sie mit Ihren Freunden, Kollegen oder Mannschaftskameraden organisieren? Wie könnten Sie Ihrer neuen Gewohnheit ein bisschen Wetteifer und Wettbewerbsgeist verpassen?

6. Die Korken knallen lassen

All work and no play? So läuft man Gefahr, sich entweder zu langweilen oder rückfällig zu werden. Es kommt die Zeit, in der man feiern und die ersten Früchte des eigenen Erfolgs ernten sollte. Sie können nicht ständig nur Opfer bringen, Sie müssen sich auch hin und wieder belohnen. Überlegen Sie, wie Sie sich jeden Monat, jede Woche, jeden Tag belohnen könnten. Es muss nichts Großes sein – aber eine kleine Anerkennung, dass Sie es bis jetzt geschafft haben, an einer neuen Gewohnheit festzuhalten. Vielleicht gönnen Sie sich einen

Spaziergang, ein entspannendes Bad, oder Sie lesen einfach mal etwas aus purem Vergnügen. Bei größeren Meilensteinen könnten Sie eine Massage buchen oder in Ihrem Lieblingsrestaurant zu Abend essen. Versprechen Sie sich einen Topf voll Gold, wenn Sie am anderen Ende des Regenbogens angekommen sind.

Aller Anfang ist schwer: Juhu!

Es gibt etwas, das 99 Prozent der »gescheiterten« und der »erfolgreichen« Menschen gemeinsam haben: Sie finden es schrecklich, immer das Gleiche zu tun. Der Unterschied ist: Erfolgreiche Menschen machen es trotzdem. Aller Anfang ist schwer. Das ist der Grund, warum Menschen ihre schlechten Gewohnheiten nicht ändern und so viele unglücklich und ungesund leben.

Was ich daran allerdings spannend finde, ist die Tatsache, dass es eigentlich jeder schaffen könnte, wenn Veränderung einfach wäre. Und für Sie und für mich wäre es dann viel schwieriger, hervorzustechen und außergewöhnlich erfolgreich zu sein. Gewöhnlich ist einfach. *Außer*-gewöhnlich ist das, was Sie von der Masse unterscheidet.

Ich persönlich freue mich immer, wenn etwas schwierig ist. Warum? Weil ich weiß, dass die meisten Menschen nicht tun werden, was nötig ist. Deshalb ist es einfacher für mich, hervorzutreten und die Führung zu übernehmen. Dr. Martin Luther King Jr. fand dafür die richtigen Worte: »Letztlich misst man einen Menschen nicht daran, wo er in Momenten der komfortablen Unbeschwertheit steht, sondern daran, wo er bei Herausforderungen steht.« Trotz Schwierigkeiten, Eintönigkeit und Entbehrung weiterzumachen – das lässt Sie wirklich reifen und besser sein als andere. Es ist hart, unangenehm und langweilig? Sei's drum! Machen Sie es einfach. Und geben Sie nicht auf. Der Effekt der Gewinnerformel wird Sie großzügig belohnen.

Haben Sie Geduld

Sie sollten Geduld mit sich selbst haben, wenn Sie mit schlechten Gewohnheiten brechen und sich neue aneignen wollen. Wenn Sie diese Verhaltensweisen 20, 30 oder 40 Jahre lang wiederholt haben, dann müssen Sie damit rechnen, dass es etwas Zeit und Mühe brauchen wird, bevor Sie nachhaltige Ergebnisse sehen. Wissenschaftler haben herausgefunden, dass Gedanken- und Handlungsmuster, die viele Male wiederholt werden, eine sogenannte Neurosignatur oder Hirnfurche erzeugen, also eine Reihe von miteinander verbundenen Neuronen, die das Gedankenmuster einer bestimmten Gewohnheit tragen. Aufmerksamkeit füttert die Gewohnheit. Indem wir einer Gewohnheit Aufmerksamkeit schenken, aktivieren wir die Hirnfurche, die dann die Gedanken, Wünsche und Handlungen in Zusammenhang mit dieser Gewohnheit auslöst. Zum Glück sind unsere Gehirne formbar. Wenn wir unseren schlechten Gewohnheiten keine Aufmerksamkeit mehr schenken, verlieren diese Furchen an Ausprägung. Bei der Etablierung neuer Gewohnheiten vertiefen sich die Furchen bei jeder Wiederholung, bis sie schließlich ausgeprägter sind als die vorherigen.

Sich neue Gewohnheiten anzueignen (und neue Furchen in Ihrem Gehirn zu schaffen) braucht Zeit. Haben Sie Geduld mit sich. Sollten Sie rückfällig werden, stehen Sie wieder auf (machen Sie sich keine Vorwürfe!), und weiter geht's. Kein Problem. Wir stolpern alle einmal. Machen Sie einfach weiter, probieren Sie eine andere Strategie aus und seien Sie noch entschlossener und konsequenter. Wenn Sie durchhalten, können Sie große Gewinne erzielen. Apropos Gewinne: Im nächsten Kapitel brechen wir dann wirklich aus der Herde aus, und die Multiplikatorwirkung wird sich richtig entfalten. All die Mühe und die Disziplin, die Sie mit den Prinzipien der ersten drei Kapitel aufgebracht haben, wird nun ordentlich belohnt!

So arbeitet die Gewinnerformel für Sie

Ihr Aktionsplan zusammengefasst

★ Identifizieren Sie Ihre drei besten Gewohnheiten – jene, die Ihr wichtigstes Ziel unterstützen.

★ Identifizieren Sie drei schlechte Gewohnheiten, die Sie von Ihrem wichtigsten Ziel abbringen.

★ Identifizieren Sie drei neue Gewohnheiten, die Sie wieder auf Kurs bringen werden. Nutzen Sie dafür auch die beispielhaft ausgefüllte Vorlage auf Seite 238.

★ Identifizieren Sie Ihre Kernmotivation. Finden Sie heraus, was Sie dauerhaft antreibt, um große Resultate zu erzielen (auch mithilfe des Werte-Checks auf Seite 234).

★ Finden Sie Ihre Warum-Kraft. Formulieren Sie klare, wichtige und beeindruckende Ziele.

KAPITEL 4
IMPULS

Ich möchte Ihnen gerne einen guten Freund von mir vorstellen. Dieser Freund, der auch Beyoncé, Jeff Bezos, Serena Williams, LeBron James und Meryl Streep nahesteht, wird Ihr Leben wie kaum ein anderer verändern. Ich nenne ihn gerne »Mr. Impuls«, und er ist zweifelsohne einer der größten und geheimnisvollsten Erfolgsfaktoren. Man kann ihn nicht sehen oder fühlen, aber man weiß, wann er da ist. Man kann nicht darauf zählen, dass er bei jedem Anlass erscheint, aber wenn er da ist – WOW! Mr. Impuls kann Sie in die Erfolgsstratosphäre katapultieren. Und haben Sie ihn erst einmal auf Ihrer Seite, kann Sie nichts und niemand mehr aufhalten.

Dieses Kapitel ist sogar für mich aufregend. Wenn Sie die folgenden Ideen umsetzen, wird Ihr Lohn tausendmal so hoch sein (oder höher) wie das, was Sie für dieses Buch bezahlt haben. Im Ernst, diese Ideen sind GROSS!

Den Impuls nutzen

Wenn Sie sich noch an Ihren Physikunterricht erinnern (und das tun Sie, nicht wahr?), kennen Sie vielleicht noch das erste Newtonsche Gesetz, auch bekannt als Trägheitsprinzip. Ruhende Körper verharren im Zustand der Ruhe, solange dies nicht durch eine von außen einwirkende Kraft verändert wird. Ein Körper in Bewegung bleibt ebenso in diesem Zustand, es sei denn, etwas stoppt seinen Impuls. Anders formuliert: Couch-Potatoes bleiben meist auch Couch-Potatoes. Erfolgsmenschen – Menschen, die in einen erfolgreichen Rhythmus kommen – mühen sich auch weiterhin ab und erreichen folglich immer mehr.

Es ist nicht einfach, einen Impuls zu schaffen, aber wenn Sie es hinkriegen, dann heißt es: Aufgepasst! Haben Sie als Kind auch gerne auf Spielplatz-Karussells gespielt? Ein paar Freunde setzen sich auf das Karussell, um es zu beschweren, und feuern einen dann bei dem Versuch an, es anzutreiben. Der Anfang ist zäh. Der erste Schritt, es aus dem Stand zu bewegen, ist immer der schwerste. Unter Ächzen und Stöhnen wird gezogen und gedrückt, es ist voller Körpereinsatz gefragt. Ein Schritt, zwei Schritte, drei Schritte – es scheint, als ob sich nichts bewegt. Nach langer und harter Arbeit ist es endlich so weit: Man hat ein bisschen Geschwindigkeit und kann neben dem Karussell entlangrennen. Obwohl man sich bewegt (und die Freunde einen lauter anfeuern), muss man immer schneller rennen und es hinter sich herziehen, um auf die Geschwindigkeit zu kommen, die man wirklich will. Endlich, ein Erfolg! Man springt mit auf und genießt mit seinen Freunden den Fahrtwind im Gesicht und den Anblick einer Welt, die zu Farbstrichen verschwimmt. Nach einer Weile wird das Karussell langsamer, man springt ab und rennt eine Minute daneben her, um es wieder schneller werden zu lassen – oder man gibt ihm ein paar ordentliche Schübe und springt dann wieder auf. Wenn das Karussell sich erst einmal schnell dreht, übernimmt der Impuls, was es leicht macht, es wieder anzutreiben.

Will man etwas verändern, funktioniert es ähnlich. Sie fangen mit einem kleinen Schritt an, einem nach dem anderen. Der Fortschritt ist langsam, aber wenn die neue Gewohnheit erst einmal gefestigt ist, kommt Mr. Impuls dazu. Ihr Erfolg und Ihre Resultate akkumulieren sich in Windeseile. Siehe Abbildung 8.

Das Gleiche passiert, wenn eine Rakete startet. Sie verbraucht in den ersten Minuten mehr Treibstoff als auf dem ganzen restlichen Flug. Warum? Weil sie die Schwerkraft abschütteln muss. Ist das einmal geschafft, kann sie in die Umlaufbahn gleiten. Die größte Herausforderung? Vom Boden abzuheben. Ihre alte Lebensweise und Konditionierung sind mit der Trägheit des Karussells oder der Schwerkraft vergleichbar. Alles will eigentlich im Ruhezustand verharren. Sie benötigen viel Energie, um die Trägheit abzuschütteln und mit Ihrem Projekt loszulegen. Haben Sie allerdings erst einmal einen Impuls, sind Sie kaum aufzuhalten – Sie sind nahezu

Abb. 8

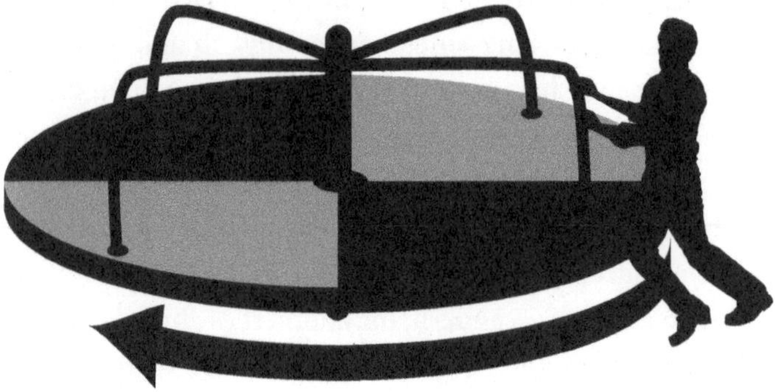

Es braucht viel Zeit und Energie, bis ein Impuls entsteht, aber dann akkumulieren sich Erfolge und Resultate schnell.

unschlagbar. Sie erzielen immer größere Resultate und das, obwohl Sie sich nun deutlich weniger anstrengen.

Haben Sie sich schon einmal gefragt, warum erfolgreiche Menschen häufig noch erfolgreicher werden, die Reichen immer reicher, die Fröhlichen immer fröhlicher und die Glücklichen immer glücklicher?

Sie haben einen Impuls. Wenn's läuft, dann läuft's!

Aber der Impuls funktioniert auf beiden Seiten der Gleichung – er kann für oder gegen Sie arbeiten. Da die Wirkung der Gewinnerformel *niemals* ausbleibt, können unkontrollierte negative Gewohnheiten an Dynamik gewinnen und Sie in einen Strudel »unglücklicher« Umstände und Konsequenzen ziehen. Das war es, was unser Freund Brad aus Kapitel 1 erlebte. Ein paar kleine schlechte Gewohnheiten ließen ihn 15 Kilo zunehmen, und er bekam große Probleme auf der Arbeit sowie in seiner Ehe, da diese Gewohnheiten einen Negativ-Impuls generierten. Das Trägheitsgesetz besagt, dass ruhende Körper in ihrem Zustand verbleiben – das ist die Gewinnerformel, wie sie *gegen* Sie arbeitet. Je länger Sie auf dieser Couch sitzen und Netflix schauen, desto schwieriger wird es für Sie, aufzustehen und loszulegen. Also fangen wir JETZT SOFORT an!

Wie schaffen Sie es, dass der Impuls Ihnen einen Besuch abstattet? Sie bereiten sich darauf vor. Stellen Sie sich mental darauf ein und setzen Sie alles in Gang, indem Sie die Dinge machen, von denen wir bis jetzt gesprochen haben:

1) Neue Entscheidungen treffen, Ziele und Kernwerte dabei immer vor Augen haben.
2) Diese Entscheidungen in neue, positive Verhaltensweisen umsetzen.
3) Dieses gesunde Verhalten so lange wiederholen, bis neue Gewohnheiten etabliert sind.
4) Tägliches Handeln durch Routinen und Rhythmen strukturieren.
5) Über einen längeren Zeitraum konsequent bleiben.

Und dann … PENG! Mr. Impuls tritt Ihnen die Tür ein (das ist gut!). Jetzt kann Sie fast nichts mehr aufhalten.

Denken Sie an die Schwimmlegende Michael Phelps, der bei den Olympischen Spielen insgesamt 28 Medaillen gewann (davon 23 Goldmedaillen). Wie er das geschafft hat? Zusammen mit seinem Trainer Bob Bowman perfektionierte Phelps zwölf Jahre lang seine Technik. Gemeinsam erarbeiteten sie Routinen, Rhythmen und konstante Leistung, die Phelps darauf vorbereiteten, den Impuls genau im richtigen Moment zu erwischen – zu den Olympischen Spielen. Die symbiotische Beziehung zwischen Phelps und Bowman zeichnete sich durch Zielsetzung und Ehrgeiz aus – und durch vollkommene Vorhersehbarkeit. Bowman verlangte so viel Konstanz beim Training, dass es Phelps noch lebhaft in Erinnerung geblieben ist, wie Bowman ihm einmal erlaubte, eine Trainingseinheit *15 Minuten früher* zu beenden, damit er sich für einen Schulball fertig machen konnte. Und das einmal in zwölf Jahren! Kein Wunder, dass Phelps im Wasser unschlagbar war.

Oder denken Sie an den iPod. Haben Sie jemals darüber nachgedacht, wie es möglich wurde, dass dieses kleine Ding zu so einem Riesenerfolg wurde? Apple gab es schon lange, bevor sie den iPod auf den Markt brachten. Und obwohl Mac-Computer schon immer treue Fans hatten, stellten Macs damals nur einen kleinen Teil des internationalen PC-Marktes dar. Der iPod war sicherlich nicht der erste Mp3-Player, den man kaufen konnte. Tatsächlich war Apple recht spät dran.

Doch es gab einiges, was für sie sprach: Die konstanten Bemühungen um die Loyalität ihrer Kunden, ihr unerschütterliches Bekenntnis zu hoher Qualität, innovativem Design und Benutzerfreundlichkeit. Sie konzipierten einen einfachen, coolen Mp3-Player, der leicht zu bedienen war, und bewarben ihn auf einfallsreiche und unterhaltsame Art. Es funktionierte! Sie trafen einen Nerv.

Allerdings war der iPod nicht über Nacht erfolgreich. In dem Jahr, als Apple den iPod auf den Markt brachte, brach ihr Umsatzwachstum von 30 Prozent im Vorjahr auf minus 33 Prozent ein. Im darauffolgenden Jahr war das Umsatzwachstum noch immer negativ, bei minus 2 Prozent. Erst nach zwei vollen Jahren gab es einen Aufschwung um 18 Prozent. Und im Folgejahr kletterte der Umsatz um 33 Prozent nach oben. Nach vier Jahren klopfte Mr. Impuls an der Tür, und PENG! Apple katapultierte sich auf 68 Prozent Umsatzwachstum und kontrollierte 70 Prozent des Mp3-Player-Marktes. Der Impuls sorgte auch dafür, dass Apple nun mit dem iPhone den Smartphone-Markt und mit iTunes den digitalen Musikvertrieb dominiert. Gleichzeitig bescherte er ihnen auch einen Wachstumsaufschwung auf ihrem ursprünglichen Markt, dem der PCs. Es würde mich nicht wundern, wenn sie, mit dem Impuls an ihrer Seite, auch in andere Märkte expandieren.

Auch bei Google handelte es sich eine Zeit lang um eine kleine Suchmaschine, die ums Überleben kämpfte. Heute befinden sich mehr als 90 Prozent des Marktes in ihrer Hand. YouTube, ein im Februar 2005 gegründetes Videoportal, ging offiziell im November desselben Jahres online. Die Menschen besuchten die Webseite allerdings erst dann in großen Zahlen, als sie den digitalen Kurzfilm »Lazy Sunday«, der zuvor bei der Show »Saturday Night Live« gezeigt wurde, aufrufen wollten. Dieses YouTube-Video ging viral – es wurde mehr als 5 Millionen Mal angeschaut, bevor NBC darum bat, es herunterzunehmen. Und dann konnte sie nichts mehr aufhalten – sie hatten den Impuls. Heute ist YouTube die zweitbeliebteste Social-Media-Plattform und verbucht 37 Prozent des mobilen Internetverkehrs. Google setzte sich mit den beiden jungen YouTube-Gründern zusammen und zahlte ihnen 1,65 Milliarden für ihren Impuls. Wow!

Was haben Michael Phelps, Apple, Google und YouTube gemeinsam? Sie machten die gleichen Sachen, bevor und nachdem sie ihren Impuls hatten. Ihre Gewohnheiten, Routinen, ihre Disziplin und Konstanz waren der Schlüssel zu jedem ihrer Impulse. Und sie wurden *unschlagbar*, als Mr. Impuls auf ihrer Party auftauchte.

Die Macht der Routine

Trotz bester Absichten scheitern wir manchmal, weil uns in der Umsetzung das richtige System fehlt. Letztlich ist es entscheidend, dass Ihre neuen Einstellungen und Verhaltensweisen in Ihre monatliche, wöchentliche und tägliche Routine integriert sind, damit echte, positive Veränderung stattfinden kann. Eine Routine ist etwas, das Sie ausnahmslos jeden Tag tun, bis Sie schließlich nicht mehr bewusst darüber nachdenken, wie Zähneputzen oder das Anlegen des Sicherheitsgurts. Wenn Sie sich anschauen, wo Sie Erfolg haben, dann werden Sie wahrscheinlich sehen, dass Sie in diesem Bereich routiniert vorgehen. Das ist vergleichbar mit dem, was wir schon bei Gewohnheiten beobachtet haben. Routinen erleichtern uns das Leben, da sie unsere Handlungen automatisieren und effektiv machen. Um neue Ziele zu erreichen und neue Gewohnheiten zu etablieren, ist es notwendig, neue Routinen zu entwickeln.

Je größer die Herausforderung, desto strenger sollten unsere Routinen sein. Haben Sie sich schon einmal gefragt, warum es bei der militärischen Ausbildung so streng zugeht? Warum relativ unbedeutende Aufgaben, wie das Bettmachen, Schuheputzen oder Strammstehen, so übertrieben wichtig sind? Routinen bereiten Soldaten sehr effektiv auf den Kampf vor. Sie fördern eine effiziente, produktive und zuverlässige Leistung unter hohem Druck. Die scheinbar simplen Routinen, die während der Grundausbildung aufgebaut und entwickelt werden, sind so klar, dass zarte, ängstliche und schlampige Teenager in nur acht bis zwölf Wochen zu schlanken, selbstbewussten und zielgerichteten Soldaten werden. Ihre Routinen sind so gut eingeübt, dass sie in chaotischen Kampfsituationen instinktiv und mit Präzision agieren können. Dieses intensive Training bereitet Soldaten darauf vor, ihre Pflicht zu tun – auch wenn ihr eigenes Leben dabei auf dem Spiel steht.

Nun dürften Ihre Tage zwar nicht so viel Gefahr bereithalten, aber ohne die richtigen Routinen machen Sie sich Ihr Leben trotzdem unnötig schwer. Eine Routine aus vorhersehbaren, täglichen Handlungen bereitet Sie darauf vor, auf dem Schlachtfeld des Lebens erfolgreich zu sein.

Der Golfspieler Jack Nicklaus war berühmt für seine Routine. Gewissenhaft führte er vor jedem Schlag eine Art Tanz auf, eine Reihe von mentalen und physischen Schritten, die ihn voll und ganz auf den Schlag einstimmten. Nicklaus stellte sich zuerst hinter den Ball, dann suchte er sich ein oder zwei Ziele zwischen Ball und Loch. Als Nächstes richtete er seine Schlagfläche auf das Zwischenziel aus. Erst als er das Gefühl hatte, dass die Schlagfläche richtig ausgerichtet war, brachte er sich in Stellung. Anschließend ließ er den Schläger hin und her schwingen, fixierte dabei sein Ziel, dann sein Zwischenziel, danach wieder den Golfschläger und sein Ziel. Erst dann führte er den Schlag aus.

Während eines wichtigen Turniers maß ein Psychologe, wie viel Zeit bei Nicklaus' Routine verging – also zwischen dem Herausholen seines Schlägers aus der Tasche und dem Schlagen des Balls. Das Ergebnis: Vom ersten Tee bis zum 18. Green variierte die Zeit von Jacks Routine bei den einzelnen Schlägen angeblich *niemals* um mehr als *eine* Sekunde. Das ist unglaublich! Derselbe Psychologe maß auch die Zeit vor Greg Normans Schlägen während seiner unglücklichen Performance bei den US-Masters 1996. Und siehe da, seine Routine vor dem Schlag wurde von Runde zu Runde schneller. Seine veränderte Routine störte seinen Rhythmus und seine Konstanz. Er bekam keinen Impuls. In dem Moment, als Norman von seiner Routine abwich, wurde seine Leistung unvorhersehbar, und seine Resultate schwankten stark.

Auch Fußballspieler zelebrieren ihre Routinen vor dem Spiel. So können sie wieder nahtlos an die unzähligen Male anknüpfen, bei denen sie die gleichen Bewegungen machten. Tatsächlich lässt ihre Leistung unter Zeitdruck ohne diese Routine stark nach. Auch Piloten gehen vor jedem Flug eine Checkliste durch. Selbst wenn ein Pilot bereits 1000 Flugstunden absolviert hat und das Flugzeug auf seinem vorherigen Flug »einwandfrei« geflogen ist, hakt der Pilot prinzipiell und ausnahmslos vor jedem Flug diese Checkliste ab. So erklärt er nicht nur das Flugzeug für startklar, er fokussiert sich auch auf die vor ihm liegende Aufgabe – und das ist im Grunde noch viel wichtiger.

Die Leistungsträger und Wirtschaftsführer, mit denen ich zusammengearbeitet habe, haben alle nicht nur gute Gewohnheiten entwickelt, sondern auch konsequente Routinen, um die notwendigen täglichen Aufgaben zu bewältigen. Das ist der einzige Weg, wie wir unser Verhalten steuern und vorhersehbar machen können. Daran führt kein Weg vorbei. Eine auf guten Gewohnheiten und Disziplin aufgebaute Tagesroutine ist das, was die Erfolgreichsten unter uns von allen anderen unterscheidet. Routinen haben eine unglaubliche Macht.

Um profitable und effektive Routinen zu schaffen, müssen Sie sich zuerst überlegen, welches Verhalten und welche Gewohnheiten Sie gerne festigen wollen. Nehmen Sie sich einen Moment Zeit, um sich Ihre Ziele aus Kapitel 3 und die Verhaltensweisen, die Sie hinzufügen und ablegen wollen, noch einmal anzuschauen. Jetzt sind Sie an der Reihe! Machen Sie es wie Jack Nicklaus und überlegen Sie sich eine Schlagroutine. Überlegen Sie sich genau, welche Komponenten dazugehören sollen. Haben Sie eine Morgenroutine etabliert, möchte ich, dass Sie sie bis auf Weiteres in Stein meißeln. Sie stehen auf. Sie machen es – keine Widerrede. Wenn Sie jemand oder etwas unterbricht, fangen Sie wieder von vorne an, um die vollständige Routine gut zu verankern.

Geben Sie Ihren Tagen Halt

Will man erstklassige Erfolge erzielen, ist es entscheidend, die eigene Leistung durch erstklassige Routinen abzusichern. Es ist schwierig und manchmal sogar zwecklos, kontrollieren oder sogar voraussagen zu wollen, was während eines Arbeitstages passiert. Aber es liegt fast immer in Ihrer Hand, wie Ihr Tag beginnt und endet. Ich habe für beides Routinen. Ein paar davon möchte ich hier mit Ihnen teilen, um Ihnen verständlich zu machen, wie wichtig es ist, neue Verhaltensweisen in disziplinierte Routinen einzubetten. Ich entwickelte meine Verhaltensweisen und Routinen in Einklang mit meinen Zielen. Vielleicht fühlen Sie sich ja davon inspiriert, und Sie probieren eine meiner Strategien einmal aus …

Morgenstund' hat Gold im Mund

Meine Morgenroutine ist meine Jack-Nicklaus-Schlagroutine, sie bereitet mich auf den ganzen Tag vor. Da jeder Morgen gleich abläuft, hat es sich eingebrannt, ich muss nicht mehr darüber nachdenken. Mein iPhone-Wecker klingelt um 5 Uhr morgens (Geständnis: manchmal um 5:30 Uhr), und ich drücke auf die Schlummertaste. Dann weiß ich, mir bleiben noch acht Minuten. In diesen acht Minuten mache ich drei Sachen: Zunächst denke ich an all die Dinge, für die ich dankbar bin. Da sind die acht Minuten meist recht knapp. Die Welt sieht anders aus und reagiert ganz anders auf einen, wenn man den Tag mit einem Gefühl von Orientierung und Dankbarkeit für das beginnt, was man bereits hat. Als Nächstes mache ich etwas, das sich vielleicht etwas komisch anhört, aber ich sende jemandem meine Liebe. Wer Liebe gibt, bekommt Liebe zurück. Und die eine Sache, von der ich mehr will, ist Liebe. Ich gebe Liebe, indem ich an irgendeine Person denke (einen Freund, Verwandten, Kollegen oder jemanden, den ich gerade erst in einem Supermarkt kennengelernt habe – es ist egal), und dann sende ich ihm oder ihr meine Liebe, indem ich mir all das vorstelle, was ich dieser Person wünsche und mir für sie erhoffe. Manch einer würde das Gebet oder Segen nennen, ich nenne es einen Liebesbrief in Gedanken. Drittens denke ich an mein Ziel Nr. 1 und entscheide, welche drei Sachen ich an diesem Tag machen werde, die mich diesem Ziel näher bringen. Zum Beispiel: Während ich das hier schreibe, ist es mein Ziel Nr. 1, die Liebe und Intimität in meiner Ehe zu vertiefen. Jeden Morgen plane ich drei Sachen, die ich tun kann, um sicherzustellen, dass meine Frau sich geliebt, respektiert und schön fühlt.

Nachdem ich aufgestanden bin, setze ich den Kaffee auf. Während er brüht, dehne ich mich etwa zehn Minuten lang – das habe ich mir von Dr. Oz abgeschaut. Wenn Sie so wie ich Ihr ganzes Leben lang Gewichte gehoben haben, dann kriegen Sie steife Muskeln. Ich habe begriffen, dass der einzige Weg, mehr Dehnungen in mein Leben einzubauen, darin besteht, daraus eine Routine zu machen. Ich musste nur herausfinden, wo ich diese Übungen in meinen Tagesablauf einbauen konnte – und warum nicht, wenn der Kaffee durchläuft.

Nachdem ich mich gedehnt und mir eine Tasse Kaffee eingeschenkt habe, setze ich mich in meinen Lieblingssessel und sehe mir DarrenDaily an (ja, ich schaue mein eigenes DarrenDaily!). Dann stelle auf meinem iPhone einen Alarm in 30 Minuten ein (nicht mehr, nicht weniger). Dann lese ich etwas Positives und Lehrreiches. Wenn der Alarm klingelt, knöpfe ich mir mein wichtigstes Projekt vor und arbeite mindestens eine komplette Stunde fokussiert und ungestört daran (man merke, ich habe noch nicht in meine E-Mails geschaut). Dann, jeden Morgen um 7 Uhr, habe ich meinen sogenannten Kalibrierungstermin. Das ist ein Serientermin in meinem Kalender, an dem ich mir 15 Minuten Zeit nehme, meinen Tag auszurichten. Dann gehe ich kurz meine

Top-3-Einjahres- und Fünfjahresziele, die wichtigsten Quartalsprojekte sowie meine Hauptziele für die jeweilige Woche und den Monat durch. Dann, und das ist der wichtigste Teil meines Kalibrierungstermins, überprüfe ich (oder setze ich mir) meine Top-3-Prioritäten für diesen Tag, indem ich mich frage: »Wenn ich heute nur drei Dinge machen könnte, welche Handlungen erzielten dann die größten Resultate und brächten mich näher an meine großen Ziele?« Erst dann lese ich meine E-Mails und verteile eine Reihe von Aufgaben an meine Mitarbeiter, damit auch sie in den Arbeitstag starten können. Dann schließe ich schnell mein E-Mail-Programm und mache mich an meine Top-3-Prios.

Der Rest des Tages kann sehr unterschiedlich verlaufen. Aber solange ich meine Morgenroutine einhalte, habe ich die wichtigsten Übungen absolviert. Ich fühle mich gut vorbereitet und geerdet und bin mir sicher, so auf einem höheren Level performen zu können, als wenn ich jeden Tag anders begänne – oder schlimmer noch, mit einer Reihe von schlechten Gewohnheiten.

Süße Träume

Am Abend mache ich gerne eine »Abrechnung«. Das ist ein Überbleibsel aus der Zeit, in der ich als Jugendlicher kellnerte. Bevor wir damals nach Hause gehen konnten, mussten wir noch zur Abrechnung, und das hieß, alle Rechnungen, Kreditkartenbelege und das Bargeld abgeben. Am Ende musste alles auf den Cent genau stimmen, sonst gab es richtig Ärger!

Es ist wichtig, dass Sie eine Abrechnung Ihrer Tagesleistung machen. Schauen Sie auf Ihren Plan für den Tag und fragen Sie sich: Wie ist es gelaufen? Was müssen Sie in den nächsten Tagesplan aufnehmen? Was müsste noch dazukommen, weil es im Laufe des Tages aufgekommen ist? Was ist nicht länger wichtig und kann gestrichen werden? Außerdem notiere ich mir in meinem Tagebuch auch gerne neue Ideen, Aha-Momente oder Eindrücke, die ich im Laufe des Tages gesammelt habe – auf diese Weise sind bereits mehr als 40 Tagebücher voller Gedanken, Impressionen und Strategien zusammengekommen. Schließlich lese ich gerne noch mindestens zehn Seiten eines inspirierenden Buches, bevor ich schlafen gehe. Ich weiß, dass mein Gehirn die letzten Informationen, die ich vor dem Einschlafen aufnehme, weiterverarbeitet. Daher will ich mich mit etwas Konstruktivem beschäftigen, das mir bei der Erreichung meiner Ziele und Ambitionen hilft. Das war's. Selbst wenn tagsüber die Hölle los ist – ich weiß, dass ich stark in den Tag starte und ihn auch so beende –, das sind die beiden Stützen meines Tages.

Etwas Abwechslung schadet nicht

Von Zeit zu Zeit breche ich gerne mit meinen Routinen. Sonst wird das Leben eintönig, und ich stagniere. Ein einfaches Beispiel hierfür ist das Gewichtstraining. Wenn ich immer zur gleichen Zeit und mit den gleichen repetitiven Bewegungen Woche für Woche trainiere, steigert sich mein Körper nicht mehr. Ich beginne mich zu langweilen, meine Leidenschaft lässt nach, und Mr. Impuls lässt sich nicht mehr blicken. Deswegen ist es wichtig, für Abwechslung zu sorgen, sich neu herauszufordern und neue Erfahrungen zu sammeln!

Im Augenblick arbeite ich daran, mehr Abenteuer in mein Leben einzubauen. Ich setze mir das Wochen-, Monats- oder Jahresziel, etwas zu tun, was ich normalerweise nicht tue. Das ist meist nichts Weltbewegendes, eher so etwas wie: unbekannte Lebensmittel ausprobieren, einen Kurs besuchen, an einen unbekannten Ort fahren oder einem Club beitreten, um neue Leute kennenzulernen. Durch diesen Schrittwechsel fühle ich mich lebendiger und leidenschaftlicher, es hilft mir dabei, alles aus einer frischen Perspektive zu betrachten.

Wie ist das mit Ihren Routinen? Wenn etwas, das Ihnen früher Kraft gegeben hat, Sie jetzt langweilt oder Ihnen nicht länger den gleichen Erfolg einbringt, dann tauschen Sie es aus.

In den Groove kommen

Ist Ihr tägliches Verhalten erst einmal zur Routine geworden, ist es gut, wenn aus der Abfolge dieser Schritte ein Rhythmus entsteht. Wenn Ihr Verhalten und Ihre Handlungen einem regelmäßigen Wochen-, Monats- oder Jahresrhythmus folgen, dann ist es sehr wahrscheinlich, dass Mr. Impuls bald an Ihrer Tür klopfen wird.

Das kann man mit den Rädern einer Dampflokomotive vergleichen. Bei Stillstand braucht es nicht sonderlich viel, um die Lokomotive davon abzuhalten, sich zu bewegen – ein 2,5 Zentimeter dickes Holzscheit unter dem vordersten Rad genügt. Allerdings braucht es eine unglaubliche Menge an Dampf, um die Kolben in Bewegung zu bringen und damit die Kettenreaktion auszulösen, die die Räder rollen lässt. Das ist ein langsamer Prozess. Aber fährt der Zug erst einmal an, kommen die Räder in den Rhythmus. Bleibt der Druck konstant, gewinnt der Zug an Impuls, und auf geht's! Bei einer Geschwindigkeit von 90 km/h kann der Zug mit einer 1,5 Meter dicken Wand aus Stahlbeton kollidieren, er fährt trotzdem weiter. Stellen Sie sich Ihren Erfolg als unaufhaltbare Lokomotive vor – vielleicht hilft Ihnen das ja, enthusiastisch nach Ihrem eigenen Rhythmus zu suchen. Siehe Abbildung 9.

Abb. 9

Wenn Ihr Verhalten und Ihre Handlungen Rhythmus haben, dann entsteht der Impuls.

Neben meinen Tagesrhythmen plane ich auch voraus. Zum Beispiel habe ich für mein Ziel, die Liebe und Intimität in meiner Ehe zu vertiefen, einen Wochen-, Monats- und Quartalszeitplan aufgestellt. Das klingt nicht sonderlich romantisch, ich weiß. Aber vielleicht ist Ihnen schon einmal aufgefallen, dass etwas, was nicht in Ihrem Kalender steht, häufig nicht passiert, obwohl es eine hohe Priorität für Sie hat. Oder zumindest nicht mit der Häufigkeit, die nötig wäre, um einen Rhythmus zu finden.

Bei uns funktioniert das folgendermaßen: An jedem Freitagabend ist »Date Night«, und Georgia und ich gehen aus oder machen etwas Besonderes zusammen. Um 18 Uhr ertönt ein Alarm auf unseren iPhones, und egal, was wir gerade tun, jetzt ist Date Night! Jeder Samstag ist Familientag – das heißt, KEINE Arbeit. Im Grunde genommen widmen wir uns von Freitagabend bis Sonntagfrüh unserer Ehe und der Familie. Wenn Sie diese Grenzen nicht setzen, tendiert der Tag dazu, einfach in den nächsten überzugehen. Leider sind einem die Menschen, die man dann vernachlässigt, häufig die wichtigsten.

Jeden Samstagabend um 18 Uhr führen wir unser BG (Beziehungsgespräch). Das ist eine Übung, von der mir die Beziehungsexperten Linda und Richard Eyre erzählten. In diesem Gespräch rekapitulieren wir die vergangene Woche: was gut und was schlecht lief, was wir in unserer Beziehung verändern müssen. Wir beginnen das Gespräch, indem wir sagen, was der andere in dieser Woche gut gemacht hat – es ist sinnvoll, mit den positiven Sachen anzufangen. Dann, das habe ich von meinem Freund und Motivationstrainer Jack Canfield, fragen wir uns gegenseitig: »Auf einer Skala von 1 bis 10 (10 ist das Maximum), wie würdest du unsere Beziehung diese Woche bewerten?« Das facht die Diskussion so richtig an, du meine Güte!

Dann sprechen wir darüber, was in Zukunft anders laufen muss. Hier hilft die Frage: »Was brauchst du, damit du uns mit einer 10 bewerten kannst?« Am Ende des Gesprächs fühlen wir uns beide gehört und bestätigt. Wir haben unsere Beobachtungen geteilt und Wünsche ausgedrückt, bevor die neue Woche beginnt. Das ist ein unglaublicher Fortschritt. Ich kann es Ihnen nur wärmstens empfehlen – falls Sie sich trauen!

Jeden Monat planen Georgia und ich auch etwas Einzigartiges, etwas, das im Gedächtnis bleibt. Jim Rohn hat mir beigebracht, dass das Leben im Grunde eine Sammlung von Erfahrungen ist. Unser Ziel sollte es daher sein, die Frequenz und die Intensität guter Erfahrungen zu erhöhen. Einmal im Monat versuchen wir etwas zu tun, das uns eine intensive und unvergessliche Erfahrung beschert. Zum Beispiel fahren wir in die Berge, machen eine abenteuerliche Wanderung, testen ein neues, schickes Restaurant, segeln in der Bucht – was auch immer. Es sollte ein ungewöhnliches oder besonderes Erlebnis sein, an das wir uns immer erinnern werden.

Alle drei Monate planen wir, zwei bis drei Tage dem Alltag zu entfliehen. Ich unterziehe meine Ziele und Lebensmuster jedes Vierteljahr einer Prüfung. Diese Tage sind eine gute Gelegenheit, um einen gründlicheren Blick darauf zu werfen, wie es in unserer Beziehung läuft. Und dann gibt es da noch unsere großen Urlaubsreisen, die Feiertage, unsere Neujahrswanderung sowie unser Zielsetzungsritual. Wie Sie sehen, muss man nicht mehr darüber nachdenken, was man machen sollte, wenn alles geplant ist. Alles verläuft natürlich. Wir haben einen Rhythmus geschaffen, der uns Impuls beschert.

Zeichnen Sie Ihren Rhythmus auf

Ich möchte Ihnen gerne etwas zeigen, das ich für mich erstellt habe, um den Rhythmus einer neuen Verhaltensweise zu verfolgen. Ich nenne es meine »Rhythmustabelle«, und ich denke, sie kann Ihnen von großer Hilfe sein. Ich hatte ja schon erwähnt, wie wichtig Tracking ist.

Abb. 10

Wöchentliche Rhythmustabelle [BEISPIEL]

Verhalten/ Handlung	Mo	Di	Mi	Do	Fr	Sa	So	Erreicht	Ziel	Differenz
5 zusätzliche Anrufe	X			X	X			3	5	<2>
3 zusätzliche Präsentationen		X		X				2	3	<1>
30 Minuten Cardio-Training		X			X			2	3	<1>
Work-out mit Gewichten	X	X		X				3	3	☺
10 Seiten eines guten Buchs	X	X		X	X			4	5	<1>
30 Minuten Audio-Seminar	X	X	X			X		4	5	<1>
5 Liter Wasser		X	X	X		X	X	5	7	<2>
Gesundes Frühstück	X	X		X		X		4	7	<3>

Verhalten/ Handlung	**Mo**	**Di**	**Mi**	**Do**	**Fr**	**Sa**	**So**	**Erreicht**	**Ziel**	**Differenz**
Quality Time mit den Kindern	X			X		X		3	4	<1>
Ausgehen mit dem Partner					X			1	1	☺
Meditation/ Gebet		X	X				X	3	5	<2>
Tagebuch führen	X		X		X	X	X	5	5	☺
							INSGESAMT	**39**	**53**	**<14>**

Commitment bedeutet das zu tun, was man angekündigt hat, auch lange nachdem die Stimmung, in der man es ankündigte, verflogen ist.

Zeitraum: ________-________

Sie wollen mehr Wasser trinken, mehr Schritte gehen oder liebevoller mit Ihrem Ehepartner umgehen? Welches Verhalten Sie auch für Ihr Ziel an den Tag legen müssen, Sie sollten es tracken und sicherstellen, dass es rhythmisch wird. Siehe Abbildung 10. Im Anhang auf Seite 241 finden Sie eine Vorlage dieser Tabelle. Die Wochenrhythmustabelle ist gemeinsam mit dem wöchentlichen Planungs-, Umsetzungs-, Bewertungs- und Verbesserungsverfahren ein wesentlicher Bestandteil eines guten Erfolgsmanagementsystems.

Lebensrhythmen

Wenn Menschen mit etwas Neuem anfangen, übertreiben sie es meist. Natürlich möchte ich, dass Sie sich mit Enthusiasmus daranmachen, Ihren Erfolgsrhythmus zu finden, aber Sie brauchen ein realistisches Programm, das Sie auch auf längere Zeit und ohne Nachverhandlungen durchziehen können. Ich möchte nicht, dass Sie darüber nachdenken, welche Rhythmen Sie diese Woche, diesen Monat oder die nächsten 90 Tage schaffen können. Ich möchte, dass Sie sich überlegen, was Sie den Rest Ihres Lebens schaffen können. Die Effekte der Gewinnerformel – die positive Veränderung, die Sie sich für Ihr Leben wünschen – werden das Resultat smarter Entscheidungen (und Handlungen) sein, die konsequent über einen längeren Zeitraum wiederholt werden. Sie gewinnen, wenn Sie die richtigen Schritte gehen … jeden Tag. Allerdings sind Sie zum Scheitern verurteilt, wenn Sie zu früh zu viel machen.

Vor einiger Zeit beschloss ein Freund von mir, an seinem Körper zu arbeiten, als er ein Foto von sich in den sozialen Netzwerken sah. Das bedeutete für ihn eine große Veränderung seines Lebensstils. Seine Arbeitszeit verbrachte er sitzend, zwölf Stunden pro Tag, und er hasste Sport. Er hatte einmal erklärt, wie er es schaffte, bestimmtes Geschirr oder bestimmte Akten nicht zu nutzen, wenn er in die Knie hätte gehen oder sich herunterbeugen müssen, um an sie heranzukommen – so groß war seine Aversion gegen jegliche Form körperlicher Betätigung. Und trotzdem nahm er sich vor, körperlich fitter zu werden. Er ging ins Fitnessstudio, besorgte sich einen Personal Trainer und begann zu trainieren – zwei Stunden täglich, fünf Tage die Woche. »Richard« – sein richtiger Name soll hier unerwähnt bleiben –, »das ist ein Fehler«, sagte ich zu ihm. »Du wirst es nicht schaffen, das durchzuziehen, und irgendwann wirst du gar nicht mehr trainieren. Das ist die falsche Herangehensweise, das wird schiefgehen.« Er winkte ab und versicherte mir, dass er schon ein anderer geworden sei. Sogar sein Trainer hatte diesen Sprung ins kalte Wasser empfohlen. »Ich bin fest entschlossen«, sagte er, »ich möchte meine Bauchmuskulatur sehen.«

»Richard, was ist dein eigentliches Ziel?«, fragte ich ihn. Ich wusste, dass er nicht darauf abzielte, auf dem Cover von *Men's Fitness* abgebildet zu sein.

»Ich möchte fit und gesund sein«, erzählte er mir. »Warum?«, fragte ich ihn. »Ich will vital sein. Ich möchte noch erleben, wie meine Kinder Kinder bekommen«, antwortete er mir. Das war seine wahre Motivation. Richard wollte auf lange Sicht fit sein. Das hieß, es ging ihm nicht um die Bikinisaison, sondern um ein langfristiges Bekenntnis zur Fitness.

»Okay«, sagte ich, »du hast mich überzeugt. Aber du übertreibst es. Du hältst das vielleicht noch zwei oder drei Monate aus, und dann wirst du sagen: Ich habe keine zwei Stunden Zeit für Sport, also geht das heute nicht. Und das wird dir immer und immer wieder passieren. Deine fünf Tage Training pro Woche werden zu zwei oder drei, und dann verlässt dich die Motivation. Bald gibst du auf. Ich weiß, du bist gerade mit Feuereifer bei der Sache. Also wie wäre es damit: Mach ruhig erstmal deine zwei Stunden am Tag, fünf Tage die Woche« – es braucht viel Dampf, um die Räder aus ihrem Trägheitszustand herauszubewegen. »Aber nicht länger als 60 oder 90 Tage. Dann möchte ich, dass du dein Training auf eine Stunde oder eine Stunde und 15 Minuten reduzierst. Von mir aus trotzdem fünf Tage die Woche, aber ich würde dir eher zu vier Tagen raten. Zieh das weitere 60 bis 90 Tage durch. Dann überlege dir, ob du dich mit einer Stunde pro Tag für ein Minimum von drei oder – wenn du dich besonders fit fühlst – vier Tagen pro Woche anfreunden kannst. Das ist das Programm, was ich dir empfehle. Denn wenn du mit etwas anfängst, das du nicht durchziehen kannst, wirst du am Ende gar nichts mehr machen.«

Es war nicht einfach, Richard das verständlich zu machen, da er in dem Moment wild entschlossen war. Er dachte, dass er es schaffen könnte, diese Routine für den Rest seines Lebens beizubehalten. Jemand, der vorher nie trainiert hat, endet mit hoher Wahrscheinlichkeit in einer Sackgasse, wenn er damit beginnt, fünf Tage die Woche zwei Stunden pro Tag zu trainieren. Sie müssen ein Programm aufstellen, das Sie 50 Jahre lang schaffen, nicht fünf Wochen oder fünf Monate. Es ist in Ordnung, wenn Sie am Anfang durchstarten, aber Sie müssen das Licht am Ende des Tunnels sehen, an dem Sie das Programm zurückschrauben können. Ein paar Mal pro Woche finden Sie immer 45 Minuten oder eine Stunde Zeit für Ihre Routine, aber zwei Stunden pro Tag, an fünf Tagen in der Woche, das ist eher unwahrscheinlich. Denken Sie daran, Konstanz ist ein wesentlicher Bestandteil von Erfolg.

Die Wirkung von Konsequenz

Wie ich bereits erwähnt habe, besitze ich eine Eigenschaft, die mir einen Wettbewerbsvorteil verschafft: Ich bin konsequent. Nichts setzt dem Impuls so schnell und so sicher ein Ende wie ein Mangel an Konsequenz. Selbst kompetente, leidenschaftliche und ehrgeizige Menschen mit guten Absichten versagen manchmal, wenn sie Konsequenz an den Tag legen müssen. Aber es ist ein wunderbarer Treibstoff, um die Maschine anzutreiben, die Sie an Ihr Ziel bringt.

Betrachten Sie es mal so: Wenn wir beide von Los Angeles nach Manhattan flögen, Sie allerdings in jedem Staat, der dazwischenliegt, einen Stopp einlegten, schlüge ich Sie mit meinem Direktflug noch immer um Längen, selbst wenn Sie 800 km/h schnell wären und ich nur 320 km/h. Die Zeit und Energie, die es Sie kostet, ständig zu landen, zu starten und den Impuls wiederzuerlangen, würde Ihren Flug zehn Mal so lang machen. Tatsächlich würden Sie es wahrscheinlich gar nicht schaffen – Ihnen würde der Treibstoff (und die Energie, die Motivation, der Glaube und der Wille) ausgehen. Es ist bei Weitem einfacher und benötigt viel weniger Energie, nur einmal zu starten und dann für den Rest der Strecke eine gleichmäßige Geschwindigkeit beizubehalten (auch wenn man langsamer ist als andere).

Der Pumpenbrunnen

Falls Sie mit dem Gedanken spielen, Ihre Routinen und Rhythmen schleifen zu lassen, bedenken Sie, was Inkonsequenz Sie kostet. Die Folge ist nicht nur, dass Sie einzelne Handlungen mit ihren winzigen Ergebnissen auslassen, es kann den Kompletteinsturz bedeuten – Sie verlieren Ihren Impuls, und Ihr gesamter Fortschritt leidet darunter.

Stellen Sie sich einen handbetriebenen Pumpenbrunnen vor, bei dem Wasser aus einer Grundwasserschicht nach oben geleitet wird, die sich mehrere Meter unter der Erde befindet. Um das Wasser zu fördern, muss man den Schwengel der Pumpe betätigen. Durch die Saugwirkung wird das Wasser nach oben und durch den Hahn geleitet. Siehe Abbildung 11.

Abb. 11

Konsequenz ist wichtig, um Impuls zu gewinnen und beizubehalten.

Die meisten Menschen, die etwas Neues anpacken, greifen nach dem Schwengel und fangen an, kräftig zu pumpen. Wie Richard mit seinem Plan, fit zu werden, sind auch sie enthusiastisch und fest entschlossen. Sie pumpen und pumpen, aber nach ein paar Minuten (oder ein paar Wochen) geben sie auf, da sie kein Wasser sehen (Erfolge). Denn sie wissen nicht, wie lange es braucht, um den Unterdruck zu erzeugen, der das Wasser in das Rohr und schließlich aus dem Hahn in ihren Eimer pumpt. Genauso wie das Karussell, die Rakete oder die Dampfmaschine die Trägheit abschütteln muss, braucht es Zeit, enorme Energie und Konsequenz, um Wasser zu pumpen. Die meisten Menschen geben jetzt auf, nur die Weisen machen weiter.

Diejenigen, die standhalten und nicht aufgeben, werden

früher oder später ein paar Tropfen Wasser sehen. Das ist der Moment, an dem viele sagen würden: »Das darf doch wohl nicht wahr sein! Das ganze Gepumpe, für was? Ein paar mickrige Tropfen? Nicht mit mir!« Viele geben sich an diesem Punkt geschlagen, weise Menschen machen beharrlich weiter.

Und da passiert dann das Magische: Wenn Sie jetzt weiterpumpen, dauert es nicht lange, bis ein ordentlicher Wasserstrahl aus der Pumpe fließt. Sie waren erfolgreich! Jetzt, da das Wasser fließt, brauchen Sie die Pumpe nicht mehr so kräftig und schnell zu betätigen. Jetzt wird es einfach, wirklich. Alles, was Sie nun tun müssen, um den Druck konstant zu halten, ist den Pumpenschwengel *kontinuierlich* zu betätigen. Das ist die Gewinnerformel.

Und was passiert, wenn Sie den Schwengel länger nicht betätigen? Das Wasser läuft wieder zurück in den Grund, und Sie können wieder von vorne anfangen. Wenn Sie versuchen, nur leicht und gleichmäßig zu pumpen, wird kein Wasser kommen. Der Impuls ist weg, das Wasser bleibt im Grund. Der einzige Weg, es wieder fließen zu lassen, besteht darin, erneut kräftig zu pumpen. So leben die meisten von uns ihr Leben, ein ewiges Stop-and-Go. Wir beginnen eine berufliche Unternehmung, und dann fahren wir in den Urlaub. Wir entwickeln die Routine, zehn erfolgversprechende Anrufe pro Tag zu tätigen, erzielen gute Resultate und wechseln dann wieder in den Normalbetrieb. Wir finden unsere neue Freitagabend-Ausgehroutine mit unserem Ehepartner klasse, aber nach ein paar Wochen heißt es wieder Netflix und Popcorn auf der Couch. Ich sehe, wie Menschen sich ein neues Buch kaufen, sich für ein Seminar oder Programm anmelden und für ein paar Wochen oder Monate sehr enthusiastisch sind. Dann hören sie auf und landen wieder genau da, wo sie angefangen haben. (Kommt Ihnen das bekannt vor?)

Wenn Sie nur ein paar Wochen lang etwas aussetzen – Ihre Work-outs im Fitnessstudio, die liebevollen Gesten gegenüber Ihrem Ehepartner oder die Anrufe, die zur Routine Ihrer Kundenakquise gehören –, gehen Ihnen nicht einfach nur die Erfolge durch die Lappen, die diese zwei Wochen normalerweise gebracht hätten. Wenn das alles wäre, was Sie verlören (wovon die meisten ausgehen), der Schaden wäre verschmerzbar. Aber indem Sie nur für einen kurzen Moment nachgelassen haben, haben Sie den Impuls vernichtet. Er ist tot. Und das ist eine Tragödie.

Bei einem Rennen ist das Tempo entscheidend. Seien Sie die Schildkröte. Seien Sie die Person, die aufgrund positiver Gewohnheiten und Verhaltensweisen, die sie über einen längeren Zeitraum konsequent an den Tag gelegt hat, in egal welchem Wettbewerb nahezu jeden schlagen kann. Das wird Ihrem Impuls Antrieb verleihen. Und behalten Sie das so bei!

Die richtigen Entscheidungen zu treffen, sich stets korrekt zu verhalten, sich perfekte Gewohnheiten anzueignen, konsequent zu bleiben und den Impuls zu erhalten – all das ist einfacher gesagt als getan, besonders in der dynamischen, sich stets wandelnden und immer herausfordernden Welt, die wir mit Milliarden von Menschen teilen. Im nächsten Kapitel werde ich die vielen Einflüsse unter die Lupe nehmen, die Ihre Erfolgschancen (meist unbewusst) verbessern oder verschlechtern können. Diese Einflüsse sind allgegenwärtig, mächtig und beständig. Lernen Sie, sie für sich einzusetzen, sonst laufen Sie Gefahr, durch sie zu verlieren. Ich zeige Ihnen, wie das geht…

So arbeitet die Gewinnerformel für Sie

Ihr Aktionsplan zusammengefasst

★ Entwickeln Sie eine rahmengebende Morgen- und Abendroutine. Entwerfen Sie einen vorhersehbaren, ausfallsicheren Weltklasse-Routineplan für Ihr Leben.
Auf DarrenHardy.com/MorningRoutine finden Sie meine persönliche Morgenroutine.

★ Schreiben Sie drei Bereiche in Ihrem Leben auf, in denen Sie nicht konsequent genug sind. Was hat Sie diese Inkonsequenz bis jetzt in Ihrem Leben gekostet? Erklären Sie, dass Sie sich von nun an der Konsequenz verschreiben werden.

★ Notieren Sie sich ein halbes Dutzend Verhaltensweisen in Ihrer Rhythmustabelle (siehe auch Seite 158), die für Ihre Zielerreichung essenziell sind. Das sollten Verhaltensweisen sein, mit denen Sie einen Rhythmus schaffen, aus dem schlussendlich der Impuls entsteht.

★ KAPITEL 5

EINFLÜSSE

Hoffentlich haben Sie inzwischen verstanden, wie wichtig Ihre Entscheidungen sind. Auch solche, die unbedeutend erscheinen, können zusammengenommen einen großen Einfluss auf Ihr Leben haben. Wir haben ebenso besprochen, dass Sie zu 100 Prozent die Verantwortung für Ihr Leben tragen. Sie allein sind verantwortlich für Ihre Entscheidungen und Ihre Taten. Nichtsdestotrotz müssen Sie wissen, dass Ihre Entscheidungen, Verhaltensweisen und Gewohnheiten von sehr starken äußeren Kräften beeinflusst werden. Den meisten von uns ist nicht bewusst, welch subtile Kontrolle diese Kräfte über uns haben. Um den positiven Kurs auf Ihre Ziele beizubehalten, müssen Sie diese Einflüsse verstehen und steuern, damit sie Sie unterstützen, anstatt Sie von Ihrem Weg Richtung Erfolg abzubringen. Auf jeden von uns wirken drei verschiedene Arten von Einfluss ein: Input (was man aufnimmt), soziales Umfeld (mit wem man seine Zeit verbringt) und Umgebung (was einen umgibt).

I. Input: Müll rein, Müll raus

Wenn Sie möchten, dass Ihr Körper Höchstleistungen erbringt, dann müssen Sie darauf achten, nur die nahrhaftesten Lebensmittel zu sich zu nehmen und verführerisches Junkfood zu vermeiden. Wenn Sie möchten, dass Ihr Gehirn Höchstleistungen erbringt, dann sollten Sie noch stärker darauf achten, mit was Sie es füttern. Füttern Sie es ständig mit negativen Nachrichten und langweiligen Fernsehshows? Verstopfen Sie Ihr Gehirn mit Online-Gossip, sinnlosen Social-Media-Feeds oder TikTok-Videos? Wenn Sie kontrollieren, was Ihr Gehirn aufnimmt, wirkt sich das direkt und messbar auf Ihre Produktivität und Ihre Erfolge aus.

Allerdings ist das gar nicht so einfach, da vieles unbewusst abläuft. Es stimmt zwar, dass wir essen können, ohne darüber nachzudenken, allerdings ist es einfacher, der Nahrungsaufnahme etwas Aufmerksamkeit zu schenken, da Essen nicht einfach so in unserem Mund landet. Wir müssen eine Extraportion Aufmerksamkeit an den Tag legen, um zu verhindern, dass unser Gehirn irrelevanten, kontraproduktiven oder sogar destruktiven Input aufnimmt. Es ist ein ewiger Kampf: Wir müssen ständig selektieren und jede Information abwehren, die unser kreatives Potenzial mindern könnte.

Ihr Gehirn wurde nicht geschaffen, um Sie glücklich zu machen. Es hat nur ein Ziel vor Augen: zu überleben. Es sucht immer nach Zeichen eines Mangels oder Angriffs. Ihr Gehirn ist darauf programmiert, auf schwindende Ressourcen, gefährliche Wetterlagen, mögliche Gefahren zu achten, auf alles, was Ihnen schaden könnte. Wenn Sie also morgens die Pushnachrichten auf Ihrem Handy öffnen und von all den Raubüberfällen, Bränden, Anschlägen oder dem Konjunktureinbruch hören, dann wird sich Ihr Gehirn den ganzen Tag an dieser Angst, den Sorgen und dem Negativen laben. Das Gleiche passiert, wenn Sie abends nach der Arbeit durch die Nachrichten scrollen. Noch mehr schlechte Nachrichten? Wunderbar! Ihr Gehirn wird die ganze Nacht auf Hochtouren laufen.

Überlässt man es so sich selbst, wird es den ganzen Tag und die ganze Nacht in diesem Meer an negativen, beunruhigenden und beängstigenden Einflüssen schwimmen. Wir können unsere DNA nicht verändern, aber unser *Verhalten*. Wir können unseren Gehirnen beibringen, nicht nur in den Kategorien Mangel und Angriff zu denken. Wie das geht? Indem wir unser Gehirn schützen und füttern. Indem wir diszipliniert und proaktiv bestimmen, welchen Input wir zulassen.

★ Um besser einschätzen zu können, welchen Einfluss Informationen und Medien auf Sie haben, machen Sie den Input-Check auf Seite 242.

Trinken Sie kein verschmutztes Wasser

Im Leben bekommt man, was man erschaffen hat. Erwartungen sind der Treibstoff des Schaffensprozesses. Was erwarten Sie? Sie erwarten das, woran Sie denken. Ihr Denkvorgang, das Gespräch in Ihrem Kopf, liegt den Erfolgen oder Misserfolgen in Ihrem Leben zugrunde. Also lautet die Frage: *Woran denken Sie?* Was beeinflusst und leitet Ihre Gedanken? Die Antwort: Was auch immer Sie sich hören und sehen lassen. Das ist der Input, mit dem Sie Ihr Gehirn füttern. Punkt. Siehe Abbildung 12.

Ihr Gehirn ist wie ein leeres Glas – es wird alles aufnehmen, was Sie hineingeben. Wenn Sie es mit Sensationsnach-

Abb. 12

Spülen Sie das negative, dreckige Glas mit positiven, inspirierenden und hilfreichen Ideen (sauberem Wasser).

richten, obszönen Headlines oder Talkshow-Gepöbel füttern, dann gießen Sie sich verdrecktes Wasser ein. Haben Sie dunkles, trübes und bedenkliches Wasser in Ihrem Glas, dann wird alles, was Sie erzeugen, durch dieses Schmutzwasser gefiltert. Weil es das ist, woran Sie denken werden. Müll rein, Müll raus.

All das Gerede im Radio über Morde, Verschwörungen, Tote, die Wirtschaft und Politschlachten bestimmt Ihre Gedanken, diese wiederum Ihre Erwartungen, und diese Ihren Schaffensprozess. DAS sind schlechte Neuigkeiten. Spülen Sie das alles wie ein schmutziges Glas lange genug mit sauberem, klarem Wasser, haben Sie schließlich ein sauberes Glas mit sauberem Wasser. Was ist sauberes Wasser? Positiver, inspirierender und hilfreicher Input und Ideen. Geschichten von Menschen, die nach etwas streben und trotz Widrigkeiten Großes leisten. Strategien für Erfolg, Wohlstand, Gesundheit, Liebe und Freude. Ideen, die Ihr Leben reicher und vielfältiger machen, die Sie wachsen lassen. Deshalb arbeite ich hart und produziere DarrenDaily für jeden Werktag. Ich will diese Beispiele, diese Geschichten und ihre Quintessenzen zu Ihnen bringen, damit sich Ihr Blick auf die Welt, auf sich selbst und auf Ihre Erfolge verändert. Darum lese ich auch morgens und abends 30 Minuten lang etwas Inspirierendes oder Lehrreiches und höre im Auto, beim Spaziergang mit dem Hund oder den Arbeiten im Haus Podcasts über Persönlichkeitsentwicklung. Ich spüle mein Glas und füttere mein Gehirn. Verschafft mir das einen Vorteil gegenüber jemandem, der direkt nach dem Aufstehen die Zeitung liest, auf dem Weg zur Arbeit und zurück Radio hört und jeden Abend vor dem Schlafengehen die Nachrichten schaut? Darauf können Sie wetten! Und das Gleiche gilt auch für Sie!

Schritt 1: Schützen Sie sich

Auch Sie werden verschmutztes Wasser in Ihr Glas füllen. Es sei denn, Sie verschanzen sich in einer Höhle oder flüchten auf eine einsame Insel. Es wird Ihnen auf Werbetafeln begegnen, auf den Nachrichtensendern in Flughäfen, auf den Titelseiten von Boulevardblättern an der Supermarktkasse und so weiter. Sogar Freunde, Familienmitglieder und Ihre eigenen negativen Gedankenmuster können verschmutztes Wasser in Ihr Glas füllen.

Das heißt allerdings nicht, dass Sie nichts tun können, um diesem Schmutz weniger ausgesetzt zu sein. Vielleicht können Sie die negativen Posts nicht vermeiden, wenn Sie durch die sozialen Medien scrollen, aber Sie können die Zeit verringern, die Sie online sind. Sie können aufhören, auf dem Weg zur Arbeit Radio zu hören. Hören Sie stattdessen ein Hörbuch oder einen Podcast mit Lerninhalten oder etwas Inspirierendem an. Sie können Ihr Smartphone zur Seite legen und sich stattdessen mit Ihren Liebsten unterhalten. Sehen Sie sich nur die Streaming-Empfehlungen an, die Sie wirklich für informativ und lebensbejahend halten. Die Werbepausen, die Ihnen einreden, mangelhaft zu sein, und Sie so zum Kauf von mehr Unsinn bewegen wollen, überspringen Sie dann einfach.

Ich bin eigentlich ohne viel Fernsehen aufgewachsen. Ich weiß noch, dass ich damals *Solid Gold* und *Das A-Team* anschaute (erinnern Sie sich?), aber der Fernseher spielte bei uns zu Hause keine große Rolle. Und ich habe es trotzdem irgendwie geschafft, erfolgreich zu werden. Das lässt mich einen anderen Blick auf die Sendungen haben, die ich hin und wieder schaue. Natürlich lache auch ich bei einer Sitcom mit, aber danach fühle ich mich, als ob ich Fastfood gegessen hätte – aufgebläht und ungesund. Ich finde es einfach erschreckend, wie Werbung unsere Ängste, Schmerzen, Bedürfnisse und Schwächen ausnutzt. Wenn ich durch das Leben gehe und denke, dass ich nicht genüge – dass ich dieses oder jenes kaufen muss, um besser zu sein –, wie kann ich dann erwarten, große Erfolge zu erzielen?

Die Deutschen verbringen durchschnittlich gut dreieinhalb STUNDEN pro Tag vor dem Fernseher. Wir verbringen also fast ein Viertel unserer wachen Stunden mit Fernsehen. Das sind knapp 25 Stunden pro Woche – mehr als ein ganzer Wochentag! Das entspricht sieben vollen Wochen Fernsehen im Jahr! UNGLAUBLICH! Und dann fragen sich die Leute, warum aus ihnen nichts wird?

Machen Sie eine Mediendiät

Medien sind darauf aus, uns in Geiselhaft zu nehmen. Standen Sie auch schon einmal stundenlang auf der Autobahn im Stau und fragten sich, warum zum Teufel nichts weitergeht? Und als Sie endlich weiterfahren konnten, sahen Sie, dass der Unfall wohl schon vor einer Weile passiert war, da das involvierte Auto bereits am Seitenstreifen stand. Die kilometerlange Schlange war durch Schaulustige ausgelöst worden! Da waren Sie erst recht wütend. Aber was war, als *Sie* an dem Wrack vorbeigefahren sind? Sie sind langsamer gefahren, konzentrierten sich nicht mehr auf die Straße vor Ihnen und drehten ebenfalls den Kopf!

Warum wollen gute, anständige Menschen tragische und groteske Sachen sehen? Es steckt in unseren Genen, es ist unser vorzeitlicher Selbsterhaltungsdrang. Wir können nicht anders. Selbst wenn wir geschickt darin sind, Negatives zu vermeiden, und uns antrainiert haben, stets positiv zu denken – der Sensationslust kann unsere Natur nicht widerstehen. Die Medienmacher wissen das. Sie kennen unsere Wesen, in vielerlei Hinsicht vielleicht sogar besser als wir. Medien benutzen seit jeher schockierende und sensationelle Headlines, um Aufmerksamkeit zu gewinnen. Heute gibt es allerdings nicht mehr nur drei Nachrichtensender oder Rundfunkanstalten, es gibt Hunderte, und sie senden ohne Unterbrechung. Statt ein paar wenige Zeitungen können wir nun unendlich viele Internetseiten auf unseren Computern oder Handys lesen. Der Kampf um Ihre Aufmerksamkeit war noch nie blutiger, und die Medien erhöhen kontinuierlich den Schockeinsatz. Sie suchen sich die niederträchtigsten, skandalösesten, kriminellsten, mörderischsten, trostlosesten und schrecklichsten Dinge heraus, die jeden Tag auf der Welt passieren, und setzen sie dann in Zeitungen, Nachrichtensendungen und dem Internet in Szene. Noch dazu kann jeder mit einem Social-Media-Account negative Geschichten mit einem Klick teilen. Währenddessen sind in derselben Zeitspanne Millionen wunderbare, schöne und unglaubliche Dinge passiert. Doch davon hören wir kaum etwas. Weil wir darauf gepolt sind, das Negative zu suchen, schaffen wir eine immer größere Nachfrage danach. Wie könnten positive Geschichten da jemals mit diesen Einschaltquoten, Klickraten und diesen Werbegeldern mithalten?

Kommen wir noch einmal zurück auf den Unfall. Was wäre, wenn man anstatt des Autowracks auf dem Seitenstreifen einen der wundervollsten Sonnenuntergänge bestaunen könnte? Was geschähe dann mit dem Verkehr? Die Antwort: Alle führen mit Höchstgeschwindigkeit weiter. Das habe ich schon so oft erlebt.

Bei Medien liegt die Gefahr darin, dass sie uns ein pervertiertes Bild der Wirklichkeit vermitteln, da der Fokus der Botschaften, die ständig wiederholt werden, auf dem Negativen liegt und so unsere Gehirne anfangen, daran zu glauben. Dieser verzerrte und verengte Blick auf das, was alles nicht funktioniert, hat einen großen Einfluss auf unser kreatives Potenzial. Er kann es verkümmern lassen.

Mein persönlicher Junk-Filter

Nun möchte ich Ihnen erzählen, was ich mache, um meine Psyche zu schützen. Aber ich muss Sie warnen, ich halte eine strikte Informationsdiät. Sie können das natürlich an Ihre eigenen Bedürfnisse anpassen, aber bei mir wirkte dieses System Wunder.

Wie Sie sich vielleicht schon gedacht haben, schaue oder höre ich *keine* Nachrichten, und ich lese weder Newsfeeds noch Nachrichtenportale. 90 Prozent aller Nachrichten haben sowieso keinerlei Auswirkungen auf mein Leben, meine Ziele, meine Träume oder Pläne. Ich habe einen RSS-Feed eingerichtet, der die Nachrichten oder Branchenneuigkeiten herausfiltert, die mich, meine Interessen und meine Ziele *direkt* betreffen. Die für mich relevanten Neuigkeiten erreichen mich auf diese Weise, ohne dass mein Wasserglas schmutzig wird. Während die meisten Menschen stundenlang durch Informationsmüll waten, der ihre Kreativität hemmt und sie entmutigt, lese ich nur das, was ich brauche und wann ich es brauche, und das in weniger als 15 Minuten pro Tag.

Schritt 2: Studieren Sie an der Pendler-Uni

Es wird nicht ausreichen, den negativen Input zu eliminieren. Um eine positive Richtung einzuschlagen, müssen Sie das Schlechte entsorgen und durch Gutes ersetzen. Ohne die folgenden beiden Dinge bewegt sich mein Auto keinen Schritt: Benzin und eine jederzeit abrufbare Audio-Bibliothek mit lehrreichen Podcasts und Hörbüchern. Die Deutschen fahren im Durchschnitt ungefähr 12.000 Kilometer im Jahr. Bei den Amerikanern sind es sogar 19.000 Kilometer. Das sind genau 300 Stunden Auffüllpotenzial! Es war Brian Tracy, der mir dieses Konzept nähergebracht hat – das Auto als mobiles Klassenzimmer. Wenn ich das ganze Jahr über beim Autofahren Audiokurse hörte, entspräche das dem Stoff von zwei akademischen Semestern, erklärte er mir. Überlegen Sie mal: In der Zeit, die Sie momentan im Auto mit Radiohören verschwenden, könnten Sie theoretisch den Doktorgrad erlangen – in Unternehmensführung, Vertrieb, Vermögensbildung, zwischenmenschlichen Beziehungen –, was auch immer Sie wählen. Kombiniert mit Ihrer Leseroutine und Konsequenz, würde Sie das mit jedem Podcast und jedem Buch von der Herde der Durchschnittlichen absetzen.

II. Soziales Umfeld: Wer beeinflusst Sie?

Gleich und Gleich gesellt sich gern. Die Menschen, mit denen Sie für gewöhnlich Ihre Zeit verbringen, bezeichnet man als »Referenzgruppe«. Laut den Forschungsergebnissen des Harvard-Psychologen Dr. David McClelland bestimmt Ihre Referenzgruppe zu 95 Prozent über Erfolg oder Misserfolg in Ihrem Leben.

Mit wem verbringen Sie die meiste Zeit? Welche Personen bewundern Sie am meisten? Sind diese zwei Personengruppen identisch? Und falls nicht, warum? Jim Rohn brachte mir bei, dass wir zu einer Mischung aus den fünf Personen werden, mit denen wir am meisten Zeit verbringen. Er sagt, dass man sich nur die Menschen im Umfeld einer Person anschauen müsse, um Rückschlüsse auf ihre Gesundheit, ihre Einstellungen und ihr Einkommen ziehen zu können. Die Menschen, mit denen wir unsere Zeit verbringen, bestimmen, welche Gespräche wir hauptsächlich führen und welchen Einstellungen und Meinungen wir regelmäßig ausgesetzt sind. Früher oder später essen wir, was sie essen, reden, wie sie reden, lesen, was sie lesen, denken, was sie denken, schauen, was sie schauen, und behandeln Menschen, wie sie sie behandeln – wir kleiden uns sogar ähnlich. Spannend ist allerdings, dass wir diese Ähnlichkeiten zwischen uns und unserem Fünferkreis meist nicht bewusst wahrnehmen.

Wie kann das sein? Das liegt daran, dass Ihr soziales Umfeld Sie nicht in eine bestimmte Richtung drängt, Sie werden angestupst, ganz sanft und langsam. Sein Einfluss ist sehr subtil. Ganz ähnlich wie bei diesem Szenario: Sie treiben mit einem Schwimmreifen auf dem Meer und haben das Gefühl, sich kaum zu bewegen, doch dann schauen Sie auf und merken, dass die leichte Strömung Sie fast einen Kilometer von der Küste abgetrieben hat.

Stellen Sie sich Ihre Freunde vor, wie sie vor dem Abendessen – ihrer Routine entsprechend – fettige Appetithäppchen oder Cocktails bestellen. Sie müssen nur genügend Zeit mit ihnen verbringen, um sich bald dabei zu erwischen, wie Sie nach den Käse-Nachos und Chips greifen, ihnen bei dem dritten Glas Bier oder Wein Gesellschaft leisten und sich ihrem Tempo anpassen. Das Gleiche gilt für Freunde, die gesundes Essen bestellen, über ihre Ziele sowie beruflichen Ambitionen sprechen und über Bücher, die sie inspirieren. Mit der Zeit werden Sie beginnen, ihr Verhalten und ihre Gewohnheiten zu adaptieren. Sie lesen, was sie lesen, sprechen über das, worüber sie sprechen, schauen die Filme, die sie gut fanden, und gehen an Orte, die sie empfehlen. Der Einfluss, den Ihre Freunde auf Sie haben, ist subtil und kann positiv oder negativ sein. Wie dem auch sei, seine Wirkkraft ist sehr groß. Also aufgepasst! Sie können Ihre Zeit nicht mit negativen Menschen verbringen und erwarten, ein positives Leben zu führen.

Wie steht es denn nun im Schnitt um das Einkommen, die Gesundheit und die Einstellungen der fünf Personen, mit denen Sie die meiste Zeit verbringen? Haben Sie Angst vor der Antwort? Wenn ja, dann haben Sie bessere Chancen, sich in eine bestimmte Richtung zu entwickeln, wenn Sie mehr Zeit mit Menschen verbringen, die bestimmte Charaktereigenschaften bereits besitzen. Auf diese Weise wirkt der große Einfluss Ihres sozialen Umfelds für Sie, nicht gegen Sie. Die Verhaltensweisen und Einstellungen, die Ihren Freunden den Erfolg bescherten, den Sie bewundern, werden so Teil Ihrer täglichen Routine. Verbringen Sie nur genug Zeit mit ihnen, und Sie werden wahrscheinlich Ähnliches in Ihrem Leben erreichen.

Falls Sie es nicht schon getan haben, schreiben Sie jetzt die Namen der fünf Personen auf, mit denen Sie am meisten Umgang haben. Notieren Sie sich dann ihre Haupt-Charaktereigenschaften, positive und negative. Es ist nicht wichtig, wer es ist. Es kann Ihr Ehepartner, Ihr Bruder, Ihr Nachbar oder Ihr Assistent sein. Erstellen Sie jetzt Durchschnittswerte. Wie gesund sind sie im Schnitt, was haben sie auf dem Konto? Wie sehen ihre Beziehungen durchschnittlich aus? Schauen Sie sich die Ergebnisse an und fragen Sie sich: »Ist diese Liste für mich okay? Ist es das, was ich erreichen möchte?«

Es ist Zeit, die Menschen, mit denen Sie Zeit verbringen, neu zu bewerten und zu priorisieren. Diese Beziehungen können Sie nähren, verhungern oder feststecken lassen. Nun, da Sie angefangen haben, ernsthaft über Ihr soziales Umfeld nachzudenken, können wir etwas tiefer gehen. Jim Rohn vermittelte mir, dass es wichtig sei, soziale Kontakte in drei Kategorien einzuteilen: zu vermeidender Umgang, zu beschränkender Umgang und zu erweiternder Umgang.

★ Um Ihr soziales Umfeld besser einschätzen zu können, nutzen Sie den Kontakte-Check auf Seite 244.

Zu vermeidender Umgang

Sie kontrollieren, welchen Einflüssen Ihre Kinder ausgesetzt sind und welche Menschen sie umgeben, richtig? Denn Ihnen ist bewusst, wie diese Menschen Ihre Kinder und deren zukünftige Entscheidungen beeinflussen könnten. Ich finde, das Gleiche sollte auch für Sie gelten! Sie wissen das ja eigentlich: Es gibt Menschen, von denen Sie sich vielleicht trennen müssen. Ohne Wenn und Aber. Das mag vielleicht kein leichter Schritt sein, aber er ist essenziell. Sie müssen die schwere Entscheidung treffen, sich bestimmten negativen Einflüssen nicht mehr auszusetzen. Überlegen Sie sich, welche Qualität Ihr Leben haben soll, und umgeben Sie sich dann mit Menschen, die diese Vision repräsentieren oder unterstützen.

Ich sortiere ständig Menschen aus, die es ablehnen, zu wachsen und positiv zu leben. Den eigenen sozialen Umgang zu erweitern und zu verändern ist ein lebenslanger Prozess. Manche sagen, dass ich diesbezüglich zu streng bin, aber ich finde, ich bin noch nicht streng genug. Ich unterhielt einmal eine Geschäftsbeziehung mit jemandem, den ich sehr gerne mochte. Als es der Wirtschaft schlecht ging, sprach er nur noch davon, wie schlimm alles war, wie schlecht es seiner Firma ging und wie hart alles da draußen war. Ich sagte zu ihm: »Mensch, du solltest wirklich aufhören, an deiner Das-Leben-ist-so-schlecht-Präsentation zu arbeiten. Ich kann praktisch hören, wie du Datenpunkte sammelst, um deine Meinung zu unterfüttern.« Er hörte nicht auf, alles als schwieriger und hoffnungsloser zu betrachten, als es war, und ich beschloss, mit ihm keine Geschäfte mehr zu machen.

Wenn Sie die schwere Entscheidung treffen, sich von den Menschen abzugrenzen, die Sie herunterziehen, dann werden diese Personen das sicher nicht einfach so hinnehmen, vor allem nicht jene, die Ihnen nahestehen. Denn Ihre Entscheidung, ein positiveres, zielorientiertes Leben zu führen, wird für sie wie ein Spiegel sein, der ihre eigenen schlechten Entscheidungen reflektiert. Durch Sie fühlen sie sich unwohl, daher werden sie versuchen, Sie wieder auf ihr Niveau herunterzuziehen. Ihr Widerstand bedeutet nicht, dass sie Sie nicht lieben oder nicht das Beste für Sie wollen – es geht überhaupt nicht um Sie. Es geht um deren Ängste und die Schuldgefühle, die sie bezüglich ihrer schlechten Entscheidungen und ihrer Disziplinlosigkeit haben. Seien Sie sich einfach darüber bewusst, dass es nicht leicht sein wird.

Zu beschränkender Umgang

Es gibt Menschen, mit denen Sie drei Stunden am Tag verbringen können, aber keine drei Tage. Mit anderen können Sie wiederum drei Minuten verbringen, aber keine drei Stunden. Bedenken Sie immer: Der Einfluss Ihres sozialen Umfelds ist stark und subtil zugleich. Die Person an Ihrer Seite kann ausschlaggebend dafür sein, ob Sie schneller oder langsamer gehen, im wörtlichen wie im übertragenen Sinne.

Gleichzeitig können Sie es nicht vermeiden, von den dominanten Einstellungen, Handlungen und Verhaltensweisen der Menschen tangiert zu werden, die Sie umgeben.

Überlegen Sie anhand des Auftretens einer Person, ob Sie es sich »leisten« können, von ihr beeinflusst zu werden. Das ist schwer, ich weiß. Ich musste das bereits mehrmals machen, auch bei engen Verwandten. Ich werde allerdings NICHT zulassen, dass die Einstellungen und Handlungen anderer mich lähmen.

Einer meiner früheren Nachbarn war ein Drei-Minuten-Freund. Ein Drei-Minuten-Plausch funktionierte wunderbar, aber drei Stunden würden wir nicht miteinander harmonieren. Mit einem alten Freund aus Highschoolzeiten kann ich drei Stunden verbringen, aber keine drei Tage. Und dann gibt es Menschen, mit denen ich ein paar Tage verbringen könnte, aber keinen längeren Urlaub. Werfen Sie einen Blick auf Ihre Beziehungen und stellen Sie sicher, dass Sie nicht drei Stunden mit einer Drei-Minuten-Person verbringen.

Zu erweiternder Umgang

Wir haben gerade darüber gesprochen, negative Einflüsse zu kappen. Und während Sie das tun, sollten Sie Ihren Umgang gleichzeitig erweitern. Suchen Sie nach Menschen, die die Lebensbereiche meistern, in denen Sie sich verbessern wollen – Menschen mit beruflichem und finanziellem Erfolg, guten Erziehungsmethoden, funktionierenden Liebesbeziehungen oder mit einem Lebensstil, der Ihnen gefällt. Verbringen Sie dann mehr Zeit mit ihnen. Treten Sie Organisationen, Firmen oder Fitnessclubs bei, wo diese Menschen zusammenkommen, und schließen Sie neue Freundschaften. Später erzähle ich Ihnen, wie ich früher in eine andere Stadt zu fahren pflegte, um wertvolle Zeit mit anderen zu verbringen – mit ungeahnten Folgen.

Ich schwärme in diesem Buch so häufig von Jim Rohn, da er, neben meinem Vater, mein wichtigster Mentor war und einen sehr großen Einfluss auf mich hatte. Meine Beziehung zu ihm ist ein ideales Beispiel für das Konzept des erweiterten Umgangs. Abgesehen von ein paar gemeinsamen Essen, unseren Interviews und der Backstagezeit vor Veranstaltungen, verbrachte ich die meiste Zeit mit ihm, indem ich seine CDs im Auto hörte oder seine Bücher in meinem Wohnzimmer las. Ich habe mich mehr als 1000 Stunden direkt von Jim unterweisen lassen, davon zu 99 Prozent über Bücher und Audioprogramme. Das Spannende daran ist, dass Sie, egal wie Ihr Leben gerade aussieht – vielleicht kümmern Sie sich um kleine Kinder oder pflegen Ihre Eltern oder arbeiten viel mit Menschen zusammen, mit denen Sie wenig gemein haben, oder Sie leben auf dem Land, weitab von Bürogebäuden –, im Grunde jeden Mentor haben können, den Sie sich wünschen, wenn er oder sie seine oder ihre Gedanken, Geschichten und Ideen in Büchern, Videos oder Podcasts gesammelt hat. Auf diese Weise steht eine Fülle an Mentoren zur Verfügung. Nutzen Sie das.

Wenn Sie eine bessere, intensivere und bedeutungsvollere Beziehung haben möchten, fragen Sie sich: »Wer führt diese Art von Beziehung? Wie kann ich (mehr) Zeit mit dieser Person verbringen? Wen kann ich treffen, um positiv beeinflusst zu werden?« Sonnen Sie sich in ihrem Glanz. Freunden Sie sich mit der Person an, von der Sie glauben, dass sie die beste, taffste und erfolgreichste in einem Bereich ist. Was liest sie? Wo isst sie zu Mittag? Wie kann dieser Umgang Sie beeinflussen? Sie können soziale Kontakte erweitern, indem Sie Netzwerken und Online-Communities beitreten. Suchen Sie nach gemeinnützigen Organisationen oder Vereinen, bei denen die Menschen zusammenkommen, denen Sie ähnlich werden wollen.

Finden Sie einen Höchstleistungspartner

Ein anderer Weg, Ihren Umgang zu erweitern, besteht darin, sich einen Höchstleistungspartner zu suchen. Jemand, der sich genau wie Sie dem Lernen und der persönlichen Weiterentwicklung verschrieben hat. Es sollte jemand sein, dem Sie vertrauen. Jemand, der mutig genug ist, Ihnen zu sagen, was er wirklich über Sie, Ihre Einstellungen und Ihre Leistung denkt. Das könnte ein alter Freund sein, aber auch jemand, der Sie eigentlich gar nicht so gut kennt. Es geht darum, die unvoreingenommene und ehrliche Einschätzung eines Außenstehenden zu bekommen (und zu geben).

Mein langjähriger »Rechenschaftspartner« ist mein guter

Freund Landon Taylor. Wie ich bereits erwähnt habe, telefonieren wir jeden Freitag eine halbe Stunde miteinander und sprechen über unsere Siege, Niederlagen, Probleme, Aha-Momente und den Stand unserer Projekte. Die Tatsache, dass wir freitags telefonieren und ich gegenüber Landon Rechenschaft ablegen muss, spornt mich unter der Woche besonders an.

Ich notiere mir, woran Landon zuletzt scheiterte und welches Feedback er braucht, damit ich dort in der nächsten Woche nachhaken kann. Er tut für mich das Gleiche. Auf diese Weise sind wir dem anderen Rechenschaft schuldig. Er könnte zum Beispiel sagen: »Okay, da hast du letzte Woche Mist gebaut, es dir eingestanden und wolltest etwas ändern. Was hast du diese Woche diesbezüglich gemacht?« Das Leben ist hart. Als Führungskräfte haben wir beide viel zu tun, daher finde ich es erstaunlich, dass wir es trotzdem schaffen, unser Telefonat jeden Freitag durchzuziehen. Das ist nicht einfach. Manchmal habe ich so viel zu tun, dass ich mir denke: »Oh je, das jetzt auch noch!« Aber meist kommt mir dann doch mitten im Gespräch der Gedanke: »Bin ich froh, dass wir das gerade machen!« Allein durch die Vorbereitung auf das Gespräch und die Reflexion über die Errungenschaften und Niederlagen der Woche lerne ich etwas über mich selbst. In dieser Woche sagte ich zu Landon: »Weißt du, ich bin gerade an so vielen Sachen dran. Ich schreibe mein Buch. Ich habe viele Erkenntnisse, viele Aha-Momente, aber nichts, was richtig fesselnd ist.« Er sagte: »Lass das die letzte

Woche gewesen sein, in der du kein spannendes Aha-Erlebnis zu Tisch bringst.« Schluck. »Und erzähl mir keine Geschichten!« Eine klare Ansage. Tatsächlich war es nur zu meinem eigenen Nachteil, dass ich nicht auf eine einzige Sache kam, die es wert gewesen wäre, mit ihm zu teilen.

Das ist übrigens eine gute Challenge für Sie, falls Sie bereit dafür sind. Wollen Sie mal ein ehrliches Feedback bekommen? Suchen Sie nach Menschen, denen Sie so viel bedeuten, dass Sie brutal ehrlich sein können. Fragen Sie sie Folgendes: »Wie wirke ich auf dich? Wo denkst du, liegen meine Stärken? In welchen Bereichen könnte ich mich deiner Meinung nach verbessern? Wo, denkst du, sabotiere ich mich selbst? Was ist die eine Sache, mit der ich aufhören könnte, die die größte Wirkung erzielt? Was ist die eine Sache, die ich umsetzen sollte?«

Investieren Sie in Mentoring

Ein anderer Mann, der mir ein Mentor war, ist Paul J. Meyer. Er starb im Jahr 2009 und wurde 81 Jahre alt. Wann immer ich dachte, gerade etwas zu reißen und auf einem hohen Level mitzuspielen, traf ich mich mit Paul – er war mein Realitätscheck. Was er vor der Mittagspause alles schaffte, war mir immer ein Rätsel gewesen. Ich verbrachte viel Zeit mit ihm. Paul kaufte eine meiner Firmen, und später verhalf ich einem seiner Unternehmen zu einer Trendwende. In meinem Leben spielte er eine große Rolle.

Nach ein paar Stunden mit Paul, in denen er mir von seinen Plänen, Unternehmungen und Aktivitäten erzählte, schwirrte mir der Kopf. Allein zu verstehen, was er da alles am Laufen hatte, brachte mich an den Rand der Erschöpfung. Nachdem ich Zeit mit ihm verbracht hatte, machte ich immer ein Nickerchen. Aber der Kontakt zu ihm ließ mich meinen Einsatz erhöhen. Sein Spaziertempo war mein Lauftempo. Er hatte mir die Augen dafür geöffnet, wo ich mitspielen konnte und wie ehrgeizig ich war. Solchen Menschen müssen Sie begegnen!

Sie sind niemals zu gut für einen Mentor. Der Autor Harvey Mackey erzählte mir einmal: »Ob Sie es glauben können oder nicht, ich habe 20 Coaches gehabt. Einen Sprechcoach, einen Schreibcoach, einen Humorcoach, einen Sprachencoach und so weiter und so fort.« Ich fand es schon immer interessant, dass die erfolgreichsten Menschen – die wahren Leistungsträger – bereit sind, die besten Coaches und Trainer zu bezahlen. Es zahlt sich aus, in die Verbesserung der eigenen Leistung zu investieren.

Einen Mentor zu finden muss auch keine mysteriöse oder einschüchternde Angelegenheit sein. Als ich mich mit dem Unternehmer Ken Blanchard zusammensetzte, erklärte er mir, dass Mentoren einfach zu gewinnen seien: »Als Allererstes sollten Sie sich in Erinnerung rufen, dass dem Mentor nicht besonders viel Zeit abverlangt wird. Die besten Ratschläge, die ich jemals bekommen habe, wurden mir während eines Mittagessens oder Frühstücks mitgegeben. Ich erzählte einfach, woran ich arbeitete, und fragte um Rat. Sie werden erstaunt sein, wie viele erfolgreiche Geschäftsleute bereit dazu sind, Mentor zu werden, wenn es sie nicht viel Zeit kostet.« Der Basketballtrainer John Wooden bestätigt, dass viele gerne Mentor seien: »Mentoring ist ein echtes Vermächtnis. Es ist der größte Reichtum, den man anderen vermachen kann. Und das sollte immer so sein. Deswegen steht man jeden Tag auf. Um zu lehren und zu lernen.« Er erklärte mir weiter, dass Mentoring auch keine Einbahnstraße sei: »Der Mensch muss dem Mentoring gegenüber offen sein. Es ist an uns, uns darauf einzulassen und zu erlauben, dass unsere Leben und unsere Gedanken von den Menschen, die uns umgeben, berührt, geformt und gestärkt werden.«

Setzen Sie Ihren eigenen Beirat ein

Um mein Ziel zu erreichen, weiser und strategischer zu werden, effektiver zu arbeiten sowie mehr Zeit mit klugen Führungspersönlichkeiten zu verbringen, habe ich einen privaten Beirat ins Leben gerufen.

Dieser Rat besteht aus zwölf Personen, die ich aufgrund ihrer Fachgebiete, kreativen Fähigkeiten und/oder meines großen Respekts ihnen gegenüber ausgewählt habe. Einmal pro Woche kontaktiere ich einige von ihnen, befrage sie zu bestimmten Themen und bitte um Ideen, Feedback und Input. Ich kann Ihnen sagen, die Vorteile, die mir dieser persönliche Beirat bereits verschafft hat, waren größer als erwartet! Es ist erstaunlich, was Menschen bereit sind mit Ihnen zu teilen, wenn Sie ehrlich Interesse zeigen.

Wer könnte in Ihrem persönlichen Beirat sitzen? Suchen Sie nach positiven Menschen, die bereits den Erfolg erzielt haben, den Sie sich für Ihr eigenes Leben wünschen. Denken Sie an den Spruch: »Fragen Sie niemals jemanden um Rat, mit dem Sie nicht tauschen würden.«

III. Umgebung: Mit dem Ausblick ändert sich die Perspektive

Als ich in der Immobilienbranche tätig war, lebte und arbeitete ich in der Bay Area von San Francisco, einem demografisch sehr einheitlichen Gebiet. Ich sah immer die gleichen Leute, die stets auf dem gleichen Level agierten. Ich musste einen anderen Umgang pflegen, um dahin zu gelangen, wo ich hinwollte.

Also begann ich, an der Bucht entlang zu einem der reichsten und schönsten Plätze dieser Erde zu fahren – Tiburon in Marin County, nördlich von San Francisco. Waren Sie schon einmal in Monaco? So sieht Tiburon aus, nur noch viel idyllischer. Es ist ein spektakulärer Ort. Dort aß ich dann immer in demselben Fischrestaurant, »Sam's on the Wharf«. Das Essen war exzellent, aber viel wichtiger: Das Restaurant war beliebt bei den Wohlhabenden der Gegend.

Nach dem Restaurantbesuch, der meine sozialen Kontakte erweitern sollte, setzte ich mich an den Kai und betrachtete die Hügellandschaft. Ich war ganz fasziniert von den Häusern der Multimillionäre, die dort an den Steilhängen schwebten. Besonders eines fesselte mich: ein vierstöckiges, blaues Haus mit Aufzug und einem Blitzableiter, der aussah wie ein Wal. *Wie sollte mein Traumhaus aussehen?* Das fragte ich mich früher ständig. *Wenn mir jemand nur eines dieser Häuser gäbe, welches suchte ich aus?* Die Antwort war immer dieselbe – dieses wunderschöne blaue Haus. Es hat die beste Lage, mit einer weiten Aussicht, der spektakulärsten von allen.

Eines Tages – ich war nach einem Brunch auf dem Heimweg – sah ich ein Besichtigungsschild und beschloss, mir das zum Verkauf stehende Haus aus Spaß anzuschauen. Ich folgte den Schildern auf schmalen Straßen im Zickzack die Klippen hinauf. Endlich oben angekommen, betrat ich das Haus und lief zu einem Fenster mit Blick auf die Bucht. Vor meinen Augen tat sich die Welt auf – die Spitze der Halbinsel mit Tiburon, Angel Island jenseits der Bucht, Berkeley und die East Bay, Bay Bridge und die ganze Skyline von San Francisco bis hin zur Golden Gate Bridge – ein 300-Grad-Panorama. Ich ging hinaus auf den Balkon und schaute mich um. Plötzlich merkte ich, dass es sich um dasselbe Haus handelte, das ich jahrelang bewundert hatte. Es war das blaue Haus! Ich unterschrieb den Vertrag an Ort und Stelle. Mein Traumhaus gehörte endlich mir!

Ich kann nicht behaupten, dass ich in dem Fischrestaurant jemals jemanden getroffen habe, der mein Leben verändert hat. Nichtsdestotrotz hatte diese Umgebung eine starke

Wirkung auf mich. Diese Häuser dort oben auf den Klippen zu sehen fachte meinen Ehrgeiz an und ließ meine Träume größer werden. Ich arbeitete daraufhin härter, als ich es mir jemals hätte vorstellen können, um meine Träume wahr werden zu lassen – und es funktionierte!

Vielleicht ist der Traum, den Sie mit sich tragen, größer als die Umgebung, in der Sie sich befinden. Manchmal muss man daher seine gewohnte Umgebung verlassen, damit dieser Traum in Erfüllung gehen kann. Setzt man zum Beispiel den Setzling einer Eiche in einen Topf um, ist sein Wachstum schnell behindert, wenn er Wurzeln schlägt. Er braucht viel Freiraum, um zu einer mächtigen Eiche zu werden. Genau wie Sie.

Wenn ich von Umgebung spreche, dann meine ich damit nicht nur Ihren Wohnort. Ich meine damit alles, was Sie umgibt. Um eine positive Umgebung zu schaffen, die Ihre Ziele unterstützt, müssen Sie Ihr Leben von jeglichem Gerümpel befreien. Nicht nur von materiellem Gerümpel, das Sie daran hindert, produktiv und effizient zu arbeiten (das ist natürlich auch wichtig), sondern auch von geistigem Gerümpel. Von allem, was Sie umgibt und nicht funktioniert, was kaputt ist und was Sie zurückschrecken lässt. Alles, was in Ihrem Leben mangelhaft ist, schwächt Sie und nimmt Ihnen wie ein blutsaugender Vampir die Energie, die Sie für Leistung und Erfolg benötigen. Jedes uneingelöste Versprechen und jede ausstehende Verpflichtung mindert Ihre Kräfte, da sie Ihren Impuls und Ihre Möglichkeit blockieren, vorwärtszukommen. Unvollendete Aufgaben holen Sie immer wieder zurück in die Vergangenheit, um erledigt zu werden. Also denken Sie darüber nach, was Sie heute abschließen können.

Wenn Sie sich eine Umgebung schaffen, die Ihre Ziele unterstützt, denken Sie außerdem daran, dass Sie im Leben das bekommen, was Sie *tolerieren*. Das gilt für alle Lebensbereiche, aber besonders für die Beziehungen mit Ihrer Familie, Ihren Freunden und Ihren Kollegen. Was Sie beschlossen haben zu tolerieren, das spiegelt sich auch in Ihren aktuellen Lebensumständen wider. Anders gesagt: *Sie bekommen im Leben das, was Sie akzeptieren und zu verdienen glauben.*

Wenn Sie Respektlosigkeit tolerieren, werden Sie respektlos behandelt werden. Wenn Sie es tolerieren, dass man zu spät kommt, wird man Sie warten lassen. Wenn Sie tolerieren, unterbezahlt und überarbeitet zu sein, wird sich nichts für Sie ändern. Wenn Sie tolerieren, dass Ihr Körper übergewichtig, müde und ständig krank ist, wird er es sein.

Es ist schon erstaunlich, wie sich das Leben an den Ansprüchen orientiert, die Sie selbst stellen. Manche Menschen denken, sie seien Opfer der Verhaltensweisen anderer, aber in Wirklichkeit haben wir es in der Hand, wie Menschen uns behandeln. Schützen Sie Ihren körperlichen, geistigen und emotionalen Raum vor dem Chaos und dem Stress, den die Welt für uns bereithält, und leben Sie in Frieden.

Wenn Sie Ihre Routinen mit Rhythmus und Konstanz pflegen möchten, damit der Impuls Ihnen nicht nur einen Besuch abstattet, sondern gleich bei Ihnen einzieht, dann sollten Sie sicherstellen, dass Ihre Umgebung Sie in Ihrer Entwicklung, Ihren Aktivitäten und Ihrem Bestreben, auf Spitzenniveau zu performen, unterstützt.

Apropos Spitzenniveau: Im nächsten Kapitel werde ich Ihnen verraten, wie die Strategien, die wir bis jetzt gelernt haben, durch minimalen Mehraufwand noch schneller und effektiver wirken. Größere Erfolge, ohne viel dafür zu tun? Das klingt vielleicht nach Schummeln oder einem unfairen Vorteil. Aber wer sagt, dass das Leben fair sei?

So arbeitet die Gewinnerformel für Sie

Ihr Aktionsplan zusammengefasst

★ Finden Sie heraus, wie viel Einfluss Medien und andere Informationsquellen auf Ihr Leben haben. Überlegen Sie, vor welchem Input Sie Ihr Glas (Gehirn) schützen müssen und wie Sie es regelmäßig mit positivem, aufbauendem und unterstützendem Input durchspülen.

★ Evaluieren Sie Ihren aktuellen sozialen Umgang. Zu wem sollten Sie den Kontakt einschränken? Zu wem sollten Sie den Kontakt abbrechen? Überlegen Sie sich eine Strategie, um Ihre sozialen Kontakte zu erweitern.

★ Suchen Sie sich einen Höchstleistungspartner. Bestimmen Sie, wie häufig und zu welchen Themen Sie dem anderen Rede und Antwort stehen möchten und was jeder zum Gespräch beitragen soll.

★ Bestimmen Sie drei Lebensbereiche, die Sie vorrangig verbessern wollen. Suchen Sie sich einen Mentor für jeden dieser drei Bereiche. Ihre Mentoren können Menschen sein, die erreicht haben, was Sie sich wünschen, und mit denen Sie kurze Gespräche führen, oder es sind Experten, die ihre Ideen mit Büchern oder CDs der Öffentlichkeit zugänglich gemacht haben.

★ Unter DarrenDaily.com können Sie mich als Ihren persönlichen Mentor gewinnen: Hier erhalten Sie jeden Werktag ein kurzes Video von mir (auf Englisch) mit einer wertvollen Anregung für Ihren Erfolg.

KAPITEL 6
BESCHLEUNIGUNG

Als ich im kalifornischen La Jolla lebte, fuhr ich, um zu trainieren und meine Willensstärke zu testen, mit meinem Rad regelmäßig den Berg Mount Soledad hoch. Es gibt nur wenige Dinge, die man aus freiem Willen tun kann und die so qualvoll sind, wie auf einem Rad ohne Pause einen steilen Berg hochzufahren. Irgendwann kommen Sie an den Punkt, an dem Sie »gegen eine Wand fahren«. Genau dann zeigt sich Ihr wahres Ich. Alles, was Sie vorher über sich annahmen, ist plötzlich wie weggefegt, übrig bleibt die nackte Wahrheit. Ihr Verstand beginnt, sich alle möglichen Ausreden auszudenken, die es entschuldbar machen, jetzt umzukehren. An diesem Punkt werden Sie mit einer der größten Fragen des Lebens konfrontiert: Halten Sie den Schmerz aus und machen weiter, oder werden Sie einknicken und aufgeben?

Als Desiree »Des« Linden 2018 den Boston Marathon lief, spielte sie ernsthaft mit dem Gedanken aufzugeben. Es war nass, es regnete und es herrschten die niedrigsten Temperaturen seit 30 Jahren. Des Linden war sich sicher, dass sie nicht genug getrunken hatte und befürchtete Wadenkrämpfe.

Sie sagte ihrer Teamkollegin Shalane Flanagan, dass sie vielleicht ausfalle. Falls sie also etwas brauche, zum Beispiel jemanden, der ihr Windschutz gibt, solle sie ihr besser jetzt Bescheid geben, bevor sie aufgäbe.

Shalane Flanagan stupste sie an, um ihr zu sagen, dass sie auf Toilette müsse. Des reduzierte ihr Tempo auf das von Flanagan und versprach ihr, nicht aufzugeben, bevor sie ihr nicht dabei geholfen hatte, wieder an die Führungsgruppe anzuschließen.

Trotz eisiger Temperaturen, zunehmendem Regen und Gegenwind half Des ihrer Kollegin, wieder an die Spitze zu gelangen. Das war der Moment, in dem ihr klar wurde, dass sie an dritter oder vierter Stelle war: »Ich dachte, dass ich jetzt wohl besser nicht aufgeben sollte, also machte ich weiter … Ich fühlte mich schrecklich. Aber manchmal ist es entscheidend, einfach einen Zahn zuzulegen und zu vergessen, wie man sich fühlt«, erklärte Des in einem Interview nach dem Rennen.

Flanagan wurde müde, doch Des kämpfte sich weiter nach vorne. Allerdings hatte sie noch Mamitu Daska aus Äthiopien einzuholen, die Gewinnerin der Marathons in Dubai und Houston. Mamitu hatte die Führungsgruppe vor der Halbstreckenmarkierung hinter sich gelassen und führte um etwa 30 Sekunden.

Nun war Des Linden allein, vollkommen durchnässt, ihre Beine begannen zu krampfen, und der Wind schlug ihr mit 16 Stundenkilometern ins Gesicht. Doch nach Kilometer 33 überholte sie Mamitu und überquerte nach 2 Stunden, 39 Minuten und 54 Sekunden die Ziellinie. Sie war nach 33 Jahren die erste Amerikanerin, die den Boston Marathon gewann.

In diesem Kapitel möchte ich mit Ihnen über diese Momente der Wahrheit sprechen. Und darüber, wie die Gewinnerformel Ihnen dabei helfen kann, ungeahnte Erfolge zu erzielen – schneller, als Sie es für möglich halten. Wenn Sie vorbereitet sind, geübt und gelernt haben und konstant den nötigen Einsatz aufbringen, wird früher oder später Ihr eigener Moment der Wahrheit kommen. In diesem Moment entscheiden Sie, wer Sie sind und wer Sie werden. Es sind diese Momente, in denen Wachstum und Verbesserung passieren – in denen wir entweder vorangehen oder zurückweichen, wir entweder das Podium besteigen und die Medaille empfangen oder in der Menge missmutig anderen applaudieren.

Wir werden uns auch anschauen, wie Sie dauerhaft die Erwartungen anderer übertreffen können und so Ihren Erfolg noch weiter ausbauen.

Momente der Wahrheit

»Es muss schwer sein«, sagte Des Linden den Reportern, nachdem sie den Boston Marathon gewonnen hatte.

Noch im Jahr zuvor hätte sie das Laufen fast ganz aufgegeben. »Die Leidenschaft war einfach weg«, erzählte sie dem Moderator des Podcasts »Only A Game«. Des war ausgebrannt, hatte schlechte Erfahrungen bei Wettläufen gemacht und war besorgt, dass diese Misserfolge ihr den Spaß an dem Sport verdarben, den sie liebte.

Im Jahr 2017 ging Des den ganzen August lang nicht laufen. Das ist so, als würde Stephen Curry kein Basketballfeld betreten, Aaron Rodgers keinen Football anrühren oder Serena Williams ihren Tennisschläger einen ganzen Monat lang nicht in die Hand nehmen.

Aber dann begann Des wieder mit dem Laufen, langsam zunächst, doch schon bald entfachte ihre Leidenschaft neu. »Ich liebe den Wettbewerb. Also entschied ich, mich nicht auf meine Ergebnisse zu konzentrieren. Meine Herangehensweise war, einfach loszulaufen und schneller zu sein als andere.« Ein paar Monate später gewann Des ihren ersten großen Marathon in Boston.

Als ich in der Immobilienbranche tätig war, lief ich mehrmals täglich gegen eine Wand: Ich fuhr zum Beispiel zu einem Grundstück, das sich schwer verkaufen ließ (der letzte Interessent hatte mich fast vermöbelt), und dachte mir alle möglichen Ausreden aus, um den Kundentermin sausen zu lassen und zurück ins Büro zu fahren. Oder ich machte in einer Wohngegend Tür-zu-Tür-Besuche, und Hunde knurrten mich an, oder es sah so aus, als ob es gleich regnen würde. Ich war mitten in meiner »Money Time« (17–21 Uhr, Kaltakquise per Telefon) und wurde ständig zusammengestaucht, weil ich beim Abendessen oder bei der Lieblingssendung störte. Ich war mir sicher, eine Pause einlegen zu müssen, um zur Toilette zu gehen oder mir ein Glas Wasser zu holen. Aber ich gab nicht auf, wenn ich gegen diese mentalen und emotionalen Mauern lief, da mir klar wurde, dass meine Konkurrenten die gleichen Herausforderungen zu meistern hatten. Ich wusste, das waren die Momente, in denen man weitermachen musste, um den anderen um Längen voraus zu sein. Diese Momente entschieden über meinen Erfolg und Fortschritt. Es war keine Qual oder Herausforderung, mit dem Schwarm zu schwimmen, einfach mitzuhalten, aber so kam ich auch nicht wirklich voran. Dass Sie gegen eine Wand gelaufen sind, ist nicht wichtig. Wichtig ist, was Sie *danach* machen.

Lou Holtz, ein berühmter Footballtrainer, wusste das auch – zum Sieg führt das, was man tut, nachdem man sein Bestes gegeben hat. Bei einem Spiel lag sein Team nach der ersten Halbzeit 0 zu 42 zurück. In der Pause zeigte Lou Holtz der Mannschaft Ausschnitte von dramatischen Aufholmomenten beim Blocken, Tackeln und der Balleroberung. Dann erklärte er seinen Spielern, dass sie nicht in seinem Team seien, weil sie bei jedem Spiel alles geben. Das macht jeder Spieler, in egal welchem Team. Er sagte, sie seien in seinem Team, weil sie bei jedem Spiel die Extrameile gehen können. Diese Extrameile, die man geht, nachdem man sein Bestes gegeben hat, macht den Unterschied. Sein Team gewann das Spiel in der zweiten Hälfte. So geht das.

Muhammad Ali war einer der größten Boxkämpfer der Geschichte. Das verdankte er nicht nur seiner Schnelligkeit und Beweglichkeit, sondern auch seiner Strategie. Am 30. Oktober 1974 wurde er erneut Weltmeister im Schwergewichtsboxen, nachdem er sich beim Kampf »Rumble in the Jungle« mit einem der größten Überraschungssiege der Boxgeschichte gegen George Foreman durchgesetzt hatte. Fast niemand, nicht einmal Howard Cosell, Sportreporter und Alis Langzeitunterstützer, glaubte daran, dass der ehemalige Champion gewinnen konnte. Zuvor war er sowohl Joe Frazier als auch Ken Norton unterlegen gewesen, die George Foreman im gleichen Wettkampf beide bereits in der zweiten Runde k. o. geschlagen hatte. Alis Strategie? Die Schwäche des jüngeren Gegners auszunutzen – sein mangelndes Durchhaltevermögen. Er wusste, wenn er Foreman an eine Wand laufen ließe, dann hätte er seine Chance. Er überlegte sich eine Taktik, die später »Rope-a-Dope« genannt wurde. Ali hängte sich in die Ringseile und schützte sein Gesicht, während Foreman sieben Runden lang Hunderte von Schlägen austeilte. In der achten Runde war Foreman erschöpft, er hatte seine Wand erreicht. Diesen Moment nutzte Ali und ließ Foreman durch eine Schlagkombination in der Mitte des Rings zu Boden gehen.

Erinnern Sie sich an die Bedingungen, unter denen Des Linden laufen musste? Es war so kalt, dass den Läufern an der Startlinie ein weiteres Trikot gegeben wurde, das sie über ihren Kleiderschichten tragen konnten. Die Windböen waren bis zu 24 Stundenkilometer stark. Und wegen des schlechten Wetters standen die Zuschauer, auf die viele Läufer sonst zählen, nur ganz vereinzelt am Rand. »Es war so schlimm, dass es schon fast lustig war«, erzählte Linden in der Sportsendung

»Only A Game«. »Der Regen sprang einen förmlich an. Man war nach nur einer Minute da draußen komplett durchnässt. Und wir hatten noch ein paar Stunden vor uns.«

Doch Des kämpfte sich durch Regen und Wind und ließ die hochkarätige Konkurrenz hinter sich. Sie lief an Wahrzeichen Bostons wie dem Fenway Park und dem Kenmore Square vorbei und erreichte durchnässt und voller Stolz die Ziellinie. So schwierig die Umstände auch waren, es war der Tag, an dem Desiree Linden allen Widrigkeiten zum Trotz triumphierte.

Wenn die Bedingungen ideal sind, ist alles einfach. Es gibt keine Ablenkungen, niemand stört, es lauern keine Versuchungen und nichts stellt sich einem in den Weg. Erst wenn die Lage schwierig wird, wenn Probleme aufkommen und Versuchungen groß werden, können Sie unter Beweis stellen, dass Sie den Fortschritt verdienen. Oder, wie Jim Rohn sagen würde: »Wünschen Sie sich nicht, dass es einfacher wäre. Wünschen Sie sich, besser zu sein.«

Sollten Sie mit Ihren Routinen, Rhythmen und Ihrer konsequenten Disziplin mal gegen eine Wand laufen, dann machen Sie sich bewusst, dass dies der Moment ist, in dem Sie sich von Ihrem alten Ich trennen, die Wand überwinden und zu Ihrem stärkeren, triumphierenden und siegreichen Ich finden.

Vervielfachen Sie Ihre Erfolge

Wir haben darüber gesprochen, wie sich einfache Tätigkeiten und Verhaltensweisen über einen längeren Zeitraum zusammenfügen und Ihnen so große Erfolge bescheren. Was wäre, wenn Sie diesen Prozess beschleunigen und Ihre Erfolge vervielfachen könnten? Wäre das etwas für Sie? Ich möchte Ihnen gerne zeigen, wie man mit ein wenig zusätzlicher Anstrengung seine Resultate exponentiell vergrößert.

Nehmen wir einmal an, Sie trainieren mit Gewichten, und Ihr Programm sieht vor, dass Sie eine Übung mit einem bestimmten Gewicht zwölfmal wiederholen. Machen Sie diese zwölf Wiederholungen, ist Ihr Trainingsprogramm erfüllt. Gut gemacht. Bleiben Sie konsequent, werden sich diese Übungen schließlich zu einem großartigen Ergebnis zusammensetzen. Wenn Sie jedoch zur Zwölf kommen und Sie die Übung noch zusätzlich drei- oder fünfmal wiederholen, obwohl Sie an Ihr Maximum stoßen, dann wird sich die Wirkung dieses Trainings um ein Vielfaches verstärken. Sie vergrößern so nicht nur Ihr Trainingsvolumen um ein paar Wiederholungen. Nein, die Wiederholungen, die Sie machen, nachdem Sie Ihr Maximum erreicht haben, werden Ihre Resultate *vervielfachen*. Sie durchbrechen so die Wand Ihres Maximums. Die Übungen vorher haben Sie lediglich an diesen Punkt gebracht. Die wahre Entwicklung passiert erst, *nachdem* Sie die Wand überwunden haben.

Arnold Schwarzenegger machte ein Gewichtstraining namens »Das Schummelprinzip« berühmt. Schwarzenegger war ein Pedant, wenn es um Technik ging. Er behauptete, dass man, nachdem man sein Maximum an perfekten Lifts erreicht hat, einfach die Handgelenke anders platzieren oder sich etwas zurücklehnen (etwas schummeln) soll, damit andere Muskeln die beanspruchten Muskeln unterstützen und man so fünf oder sechs weitere Wiederholungen machen kann, was wiederum die Wirkung der Übung deutlich vergrößert. Sie erreichen das auch, wenn Ihnen ein Work-out-Partner bei den letzten Wiederholungen hilft.

Wenn Sie gerne laufen, kennen Sie das. Sie erreichen das Ziel, das Sie sich für diesen Tag gesetzt haben, Ihre Muskeln brennen, und vor Ihnen tut sich eine Wand auf, aber Sie laufen noch ein bisschen weiter, nur ganz kurz. Dieses »bisschen mehr« ist im Grunde eine massive Ausweitung Ihrer Grenzen. Sie haben die Wirkung dieses einzelnen Laufs vervielfacht.

Kommen wir zurück auf den magischen Cent, über den wir in Kapitel 1 gesprochen haben. Er verdoppelt seinen Wert jeden Tag und zeigt so, wie sich kleine Handlungen zusammensetzen. Wenn sich der Wert dieses Cents in diesen 31 Tagen nur ein weiteres Mal pro Woche verdoppelt hätte, besäße man anstatt 20 Millionen Euro zum Schluss 171 Millionen. Auch hier gilt: Nur ein weiterer Tag pro Woche macht das Ergebnis um ein Vielfaches besser. Macht man etwas mehr als erwartet, geht die Rechnung auf.

Einer der besten Wege, seine Erfolge zu vervielfachen, besteht darin, sich selbst als seinen stärksten Konkurrenten zu betrachten. Wenn Sie gegen eine Wand laufen, klettern Sie darüber und lassen Sie sie hinter sich. Doch es gibt noch einen anderen Weg, wie man seine Resultate vervielfacht: Indem man mehr als das macht, was *andere* von einem erwarten – mehr als »genug«.

Übertreffen Sie die Erwartungen

Oprah ist dafür berühmt, sich dieses Prinzip zu eigen gemacht zu haben – sie sprengt alle Erwartungen mit ihrer Großzügigkeit und ihrer Fähigkeit, auf großem Fuß zu leben und zu arbeiten. Das beste Beispiel war der Auftakt der 19. Staffel ihrer Show. Bei Oprah erwarten wir eigentlich immer etwas Sensationelles… aber diesmal riss sie uns alle vom Hocker. Tagelang war dieser Abend alles, worüber die Medien und alle anderen sprechen konnten.

Hier ein kurzer Rückblick: Das Publikum war damals nach dem Kriterium ausgewählt worden, dass der- oder diejenige dringend ein neues Auto brauchte und dies von Freunden oder der Familie schriftlich erklärt wurde. Oprah eröffnete die Show damit, dass sie elf Zuschauer zu sich auf die Bühne holte. Sie gab jedem von ihnen ein Auto, einen Pontiac G6. Dann kam die eigentliche Überraschung: Sie händigte dem Rest des Publikums Geschenkboxen aus und erklärte, dass sich in einer dieser Boxen der Schlüssel zum zwölften Auto befinde. Als das Publikum die Boxen öffnete, fanden allerdings alle darin einen Schlüsselbund. Sie schrie: »Alle bekommen ein Auto! Alle bekommen ein Auto!«

Das mag vielleicht das beste Beispiel sein, aber Oprah übertrifft auch weiterhin fast in allem, was sie tut, unsere Erwartungen. In einer anderen Show überraschte Oprah eine 20-jährige Frau, die jahrelang in Pflegefamilien und Obdachlosenunterkünften gelebt hatte, mit einem Universitätsstipendium, einem neuen Style und Kleidung im Wert von 10.000 Dollar. Sie schenkte einer Familie mit acht Pflegekindern 130.000 Dollar, damit man sie nicht aus ihrem Haus werfen würde und sie es sanieren konnten.

Jetzt denken Sie sich vielleicht, okay, aber sie ist Oprah, natürlich kann sie so etwas machen. Aber eigentlich gibt es noch viele Menschen in Oprahs Position – reich und berühmt –, die so etwas machen könnten, aber sich niemals in das Reich des Außergewöhnlichen wagen. Oprah tut es. Deswegen ist sie Oprah. Nehmen Sie sich an ihr ein Beispiel. Sie können in allen Bereichen Ihres Lebens mehr machen, als erwartet wird.

Als ich meiner Frau Georgia einen Heiratsantrag machen wollte, hätte ich einfach das machen können, was von mir erwartet wurde, nämlich bei ihrem Vater um ihre Hand anzuhalten. Stattdessen beschloss ich, ihrem Vater die Ehre zu erweisen, meine Rede auf Portugiesisch vorzubereiten (Georgias Schwester übersetzte sie für mich). Er verstand Englisch eigentlich recht gut, aber er fühlte sich trotzdem etwas unsicher diesbezüglich. Auf der ganzen Fahrt von San Diego nach Los Angeles übte ich an meiner Rede. Ich stand mit Blumen und Pralinen vor der Tür und fragte ihren Vater dann, ob wir ins Wohnzimmer gehen könnten. Dann hielt ich meine einstudierte Rede. Nach einem kleinen Schwiegervater-Verhör sagte er zum Glück Ja!

Aber das war noch nicht alles gewesen. Auf dem Rückweg und im Laufe der folgenden Tage rief ich jeden ihrer FÜNF Brüder an und bat sie ebenfalls um ihren Segen. Manche waren einfach zu überzeugen, andere ließen mich wissen, dass ich es mir »zu verdienen« hatte. Worauf ich hinauswill: Sie erzählte mir später, dass mein Antrag für sie auch deswegen so besonders gewesen sei, weil ich ihrem Vater Respekt gezollt und alle ihre Brüder angerufen hatte (und ihre Schwester dazu brachte, mir Portugiesisch beizubringen). Die zusätzliche Mühe hatte sich also auch in diesem Fall mehr als gelohnt.

Wo in Ihrem Leben können Sie mehr machen als erwartet, wenn Sie gegen eine Wand laufen? Oder was können Sie machen, um ein »Wow« zu hören? Sie müssen sich nicht sehr dafür anstrengen, schon eine Extrameile kann Ihren Erfolg um ein Vielfaches vergrößern. Ob Sie Anrufe machen, Kunden betreuen, Ihrem Team Ihre Anerkennung aussprechen, Ihren Ehepartner wertschätzen, laufen gehen, bankdrücken, ein Date planen, Zeit mit Ihren Kindern verbringen oder anderes – was ist das gewisse Extra, das Sie dabei tun könnten, das die Erwartungen übertrifft und Ihren Erfolg beschleunigt?

Seien Sie außergewöhnlich

Ich bin von Natur aus ein Querdenker. Wenn Sie mir erzählen, was alle anderen tun, denken oder gut finden, dann werde ich wahrscheinlich das Gegenteil machen. Wenn jeder im Zick geht, gehe ich im Zack. Ich finde das, was beliebt ist, durchschnittlich. Durchschnittliches führt zu durchschnittlichem Erfolg. McDonald's ist das beliebteste Restaurant, Coca-Cola das beliebteste Getränk. Budweiser ist das beliebteste Bier, der beliebteste Wein heißt Franzia (und ja, das Zeug gibt es in Kartons). Wenn man diese »beliebten« Dinge konsumiert, gehört man zur Masse. Und das ist gewöhnlich. Gewöhnlich heißt nicht unbedingt schlecht. Ich ziehe es lediglich vor, das Außergewöhnliche anzustreben.

Zum Beispiel verschickt jeder gerne Weihnachtskarten. Und da das *jeder* tut, hat es meiner Meinung nach an emotionaler Wirkung verloren. Deswegen habe ich beschlossen, stattdessen Thanksgiving-Karten zu schreiben. Wie viele Thanksgiving-Karten bekommen Sie? Genau. Das ist ein Statement. Und anstatt die Karten mit einer Computervorlage zu erstellen und in Großauflage drucken zu lassen, versende ich persönliche, per Hand geschriebene Grußkarten, in denen ich ausdrücke, wie dankbar ich für die Beziehung zum jeweiligen Empfänger bin und was er mir bedeutet – gleicher Aufwand, deutlich größere Wirkung.

Lady Gaga machte Karriere, indem sie das Unerwartete tat. Im Jahr 2011 behauptete sie, 72 Stunden in einem überdimensionalen, durchsichtigen Ei geschlafen zu haben, um sich in einen Zustand »kreativer, embryonaler Inkubation« zu versetzen. Unvergessen bleibt auch ihr Auftritt in Fleischkleid und Schneestiefeln bei den *MTV Video Music Awards*. Ich interessiere mich ehrlich gesagt nicht für Promis und große Preisverleihungen, aber das bekam sogar ich mit.

Lady Gaga war schon immer sehr anders und extrem – bis sie es plötzlich nicht mehr war. In dem Film *A Star is Born* zeigte sie sich an der Seite von Bradley Cooper ungeschminkt und verletzlich. Im realen Leben nahm sie mit Schlagerlegende Tony Bennett ein Album auf, machte sich stark für LGBTQ-Rechte und Themen rund um psychische Gesundheit. Und – das ist das Entscheidende – mag Lady Gagas Pop-Image auch ständig im Wandel sein, ihre künstlerische Leistung bleibt konstant. Sie sorgt immer für ein »Wow«. Und genau dieses gewisse Extra lässt uns aufmerksam alles verfolgen, was sie tut.

Meistens kostet dieser Extraaufwand nicht mehr Geld oder mehr Energie. Als ich Immobilien verkaufte, griff man normalerweise zum Telefon, wenn sich das Haus eines anderen Maklers in einem bestimmten Zeitraum nicht verkauft hatte. Ich hingegen setzte mich in mein Auto und klingelte mit einem »Verkauft«-Schild in der Hand bei den Eigentümern. »Nehmen Sie das«, sagte ich dann, als sie die Tür aufmachten. »Das werden Sie brauchen, wenn Sie mich damit beauftragen, Ihr Haus zu verkaufen.« Die Chance, der Makler dieses Hauses zu werden, hatte sich so blitzschnell und exponentiell erhöht, und es kostete mich nur das Benzin für die Fahrt.

Vor einiger Zeit bewarb sich mein Freund Alex für einen großen Job. Er lebt in Kalifornien, die Firma war in Boston ansässig. Er war einer der finalen zwölf Kandidaten. Die Bewerber vor Ort lud man für ein persönliches Bewerbungsgespräch ein, die anderen per Videokonferenz. Er rief mich an und fragte, wie man eine Videokonferenz mit Webkamera am besten gestaltete.

»Wie sehr willst du diese Stelle?«, fragte ich ihn.

»Es ist mein Traumjob«, sagte mir Alex, »es ist alles, worauf ich mich die letzten 45 Jahre vorbereitet habe.«

»Dann setz dich in ein Flugzeug und stell dich persönlich bei ihnen vor«, empfahl ich ihm.

»Nicht nötig«, so Alex, »die letzten drei Kandidaten werden für ein Gespräch eingeflogen.«

»Hör mal«, setzte ich an, »wenn du einer dieser letzten drei Kandidaten sein möchtest, dann solltest du hervorstechen, indem du etwas Unerwartetes tust. Flieg einmal über den ganzen Kontinent und tauche ohne vorherige Ankündigung dort persönlich auf. So setzt du ein Statement.«

Wenn ich etwas sehe, das ich haben will, dann stelle ich sicher, dass ich es bekomme, indem ich einfach alles gebe. Ich starte dann sogenannte »Schock-und-Wow-Kampagnen«. Als Alex sich für diesen Job bewarb, riet ich ihm, nichts unversucht zu lassen – er sollte von allen Seiten angreifen, und das erbarmungslos.

»Finde alles über die Entscheidungsträger heraus«, sagte ich zu ihm, »alles über ihre Interessen, Hobbys, die Hobbys ihrer Kinder, ihrer Ehepartner, ihrer Nachbarn usw. Schick ihnen Bücher, Zeitungsartikel, Geschenke und andere Sachen, die ihnen vielleicht gefallen könnten. Das findest du etwas übertrieben? Aber hallo, darum geht es ja. Sie werden wissen, dass du ihnen Honig ums Maul schmieren möchtest, aber sie werden dir auch Mumm und Kreativität zugestehen – auf jeden Fall gewinnst du so ihre Aufmerksamkeit und wahrscheinlich auch ihren Respekt.« Ich fuhr fort: »Schreib auf, wer noch alles in diesem Unternehmen arbeitet. Dann nimm diese Liste und gleiche sie mit deinem ganzen Netzwerk ab. Vielleicht gibt es da irgendwelche Verbindungen zu jemandem in der Firma. Gib jeden Namen in deine LinkedIn-Datenbank ein. Versuche, mit ein paar Leuten in Kontakt zu treten. Sprich mit ihnen und frag sie, ob sie nicht ein gutes Wort für dich einlegen könnten. Schick ihnen kleine Aufmerksamkeiten oder Karten und bitte sie darum, die Sachen den Entscheidungsträgern persönlich zu überreichen. Ruf sie dafür an, schreib ihnen eine E-Mail, eine WhatsApp, einen Tweet, etwas auf Facebook usw. Ob das nicht etwas zu aggressiv ist? Himmel, ja sicher! Schon früh sagte mir einer meiner Mentoren, dass man vielleicht einen von fünf verliert, weil man zu aggressiv war, aber dafür die anderen vier kriegt! Du kannst nicht zu aggressiv sein!«

Ganz nebenbei: Alex hat meine Ratschläge nicht beherzigt und den Job nicht bekommen. Er hat es nicht einmal in die engere Auswahl geschafft. Ich kann ganz unvoreingenommen sagen, dass er eine viel bessere Wahl gewesen wäre als die Person, die eingestellt wurde. Aber Alex hatte es nicht geschafft, Eindruck zu hinterlassen, und es kostete ihn seinen Traumjob.

Ich saß vor einigen Jahren im Vorstand eines Unternehmens, das damals einen Kongressabgeordneten darum bat, ein bestimmtes Gesetz zu unterstützen, damit die Firma ein wichtiges Projekt voranbringen konnte. Der Abgeordnete stellte sich quer. Nicht wegen des Gesetzes an sich, sondern weil er anderen Politikern schaden wollte, die das Gesetz öffentlich befürwortet hatten. Anstatt uns weiter an ihm die Zähne auszubeißen, schlug ich vor, ihn zu übergehen und mit seinem Chef zu sprechen – seiner Frau. Wir gingen unsere Kontakte durch, bis wir eine Person fanden, die jemanden kannte, der mit ihr befreundet war. Während sie eine Messe besuchte, warteten wir draußen vor der Kirche. Als sie herauskam, stellte dieser gemeinsame Bekannte uns vor, und wir erklärten ihr, worum es in unserer Sache ging, nämlich um die Einrichtung einer Nachmittagsbetreuung in einer ärmlichen Gegend, die mit der Unterstützung ihres Mannes das Leben vieler Kinder verändern könnte. In der darauffolgenden Woche unterstützte er wie selbstverständlich das Gesetzesvorhaben, und unser Projekt war gerettet.

In einer Gesellschaft mit kurzer Aufmerksamkeitsspanne und einem Übermaß an Meinungsmache muss man manchmal das Unerwartete tun, um beachtet zu werden. Wenn Sie eine Sache oder ein Ideal vertreten, das Aufmerksamkeit verdient, dann tun Sie alles dafür, auch das Unerwartete, damit

Ihr Anliegen Gehör findet. Lassen Sie etwas Kühnheit in Ihr Repertoire einfließen.

Überraschen Sie

Finden Sie heraus, wo die Erwartungsgrenze liegt, und überschreiten Sie sie. Auch wenn es um die kleinen Dinge geht, vielleicht sogar genau dann. Ich überlege mir stets, was der Dresscode für eine bestimmte Veranstaltung ist, und ziehe mich dann immer ein bisschen schicker an. Wenn ich mir unsicher bin, was erwartet wird, kleide ich mich lieber etwas besser, als es der Anlass meiner Meinung nach verlangen würde. Simpel, ich weiß, aber das ist nur einer der Wege, meinem Anspruch an mich selbst zu genügen, es immer besser zu machen und besser zu sein als erwartet.

Bevor ich wichtige Reden vor großen Unternehmen halte, investiere ich viel Zeit in die Vorbereitung und bringe alles Wichtige in Erfahrung – über das Unternehmen, die Produkte, den Markt und die Erwartungen an meine Rede. Mein Ziel ist es stets, ihre Erwartungen deutlich zu übertreffen, und das gelingt mir durch unermüdliches Ackern. Es besser zu machen als erwartet wird so zu einem Teil Ihrer Reputation. Ihr Ruf, exzellent zu sein, wird Ihre Erfolge auf dem Markt um ein Vielfaches multiplizieren.

Für ein Projekt arbeitete ich mit Starunternehmer Marc Sparks zusammen. Da lernte ich eine sehr wertvolle Unternehmensphilosophie kennen. Denn er bezahlte Geschäftspartner – darunter auch seine Verkäufer und Zulieferer – immer ein paar Tage vor der vertraglich vereinbarten Fälligkeit. Ich war immer sehr überrascht, wenn ich bereits am 27. eines Monats mein Geld für den Folgemonat erhielt. Als ich ihn darauf hinwies, sprach er das Offensichtliche aus: »Das Geld ist das Gleiche, aber die Überraschung und das Wohlwollen, das man empfindet, lässt sich nicht bemessen – warum machst du es nicht auch so?«

Aus diesem Grund schicke ich den Mitarbeitern aus meinem A-Team ihren Bonus in Form eines Schecks per Kurierversand zu. Ihr reguläres Monatsgehalt geht elektronisch auf ihre Konten ein. Aber wenn wir ein Bonusziel erreicht haben, lasse ich Schecks ausdrucken und mit einer handschriftlichen Nachricht von mir in dem charakteristischen FedEx-Umschlag versenden. Am nächsten Tag wird der Umschlag an der Haustür übergeben. So kann die ganze Familie die Erfolge von Mama oder Papa feiern. Wie Marc sagte: »Es ist das gleiche Geld, aber die Überraschung und das Wohlwollen, das es kauft, lässt sich nicht bemessen – warum machst du es nicht auch so?«

Die Kaufhauskette Nordstrom ist berühmt dafür, sich das auf ihre Fahnen geschrieben zu haben. Was ihren Kundenservice angeht, streben sie immer danach, Erwartungen zu übertreffen. Von Nordstrom weiß man, dass sie ein Produkt selbst dann zurücknehmen, wenn der Kunde es vor mehr als einem Jahr gekauft hat – ohne Beleg, und in manchen Fällen sogar von einem anderen Laden! Warum sollten sie so etwas tun? Weil sie wissen, dass es Vertrauen aufbaut und Kundentreue schafft, wenn man Erwartungen übertrifft. Dadurch genießt Nordstrom einen außergewöhnlich guten Ruf, was sie immer bekannter werden lässt. Schließlich erwähne ich sie sogar hier in meinem Buch. Und schon wieder *vervielfacht* sich ihr Erfolg!

Ich fordere Sie dazu auf, diese Philosophien in Ihr eigenes Leben zu integrieren, in Ihre täglichen Gewohnheiten, Tätigkeiten und Routinen. Etwas mehr Zeit, Energie oder Grips in Ihre Bemühungen zu stecken wird Ihre Resultate nicht einfach nur verbessern, es wird sie vervielfachen! Es braucht nur ein wenig Extra, um EXTRAordinär zu sein. Suchen Sie in allen Lebensbereichen nach diesen Multiplizierungsmöglichkeiten, bei denen Sie ein bisschen weiter gehen, sich etwas mehr anstrengen, etwas länger aushalten, sich etwas besser vorbereiten und etwas mehr leisten können. Wo können Sie es besser machen und mehr tun, als von Ihnen erwartet wird? Wann können Sie etwas gänzlich Unerwartetes tun? Wenn Sie nur genügend Möglichkeiten für ein »WOW« finden, wird das Ausmaß und die Schnelligkeit Ihrer Erfolge Sie staunen lassen … und alle anderen auch.

So arbeitet die Gewinnerformel für Sie

Ihr Aktionsplan zusammengefasst

★ Wann erleben Sie Ihre Momente der Wahrheit (bei Kundengesprächen, beim Sport, in der Kommunikation mit Ehepartner und Kindern)? Finden Sie das heraus, damit Sie wissen, wann Sie durchhalten müssen, um zu wachsen und sich von den anderen und Ihrem alten Ich abzuheben.

★ Bestimmen Sie drei Lebensbereiche, in denen Sie das gewisse Extra leisten können (zum Beispiel beim Gewichtheben, bei Verkaufsgesprächen, beim Zeigen von Anerkennung und Wertschätzung).

★ Bestimmen Sie drei Lebensbereiche, in denen Sie Erwartungen übertreffen können. Wo und wie können Sie »Wow-Momente« schaffen?

★ Überlegen Sie sich drei Wege, etwas Unerwartetes zu tun. Wo können Sie sich von dem absetzen, was als gewöhnlich, normal und erwartbar gilt?

SCHLUSSWORT

Es ist sinnlos, etwas zu lernen, was man nicht auch in die Tat umsetzt. Ich habe dieses Buch nicht aus purem Vergnügen geschrieben (es war harte Arbeit!) und auch nicht, um Sie einfach nur zu »motivieren«. Motivation, auf die keine Taten folgen, ist Selbstbetrug. Wie ich schon in der Einleitung sagte, handelt es sich bei der Gewinnerformel und der Wirkung, die sie in Ihrem Leben entfalten kann, um eine todsichere Erfolgsstrategie. Nie wieder werden Sie auf Erfolg hoffen müssen. Die Gewinnerformel ist ein Werkzeug, das – konsequent und positiv eingesetzt – Ihr Leben nachhaltig verändern wird.

Lassen Sie sich von diesem Buch und seiner Philosophie leiten. Lassen Sie diese Ideen und Erfolgsstrategien auf sich wirken und Ihnen echte, greifbare und messbare Erfolge bescheren. Wann immer Sie merken, dass sich kleine, scheinbar harmlose schlechte Gewohnheiten wieder in Ihr Leben einschleichen, nehmen Sie dieses Buch zur Hand. Wann immer Sie rückfällig und inkonsequent werden, nehmen Sie dieses Buch zur Hand. Wann immer Sie Ihre Motivation neu entfachen und Ihre Warum-Kraft stärken wollen, nehmen Sie dieses Buch zur Hand. Denn jedes Mal, wenn Sie dieses Buch lesen, fühlt sich Mr. Impuls aufgefordert, Ihnen einen Besuch abzustatten.

Wissen Sie, was meine größte Motivation ist? Ich möchte ein bedeutsames Leben führen. Es ist mein sehnlichster

Wunsch, das Leben anderer positiv zu beeinflussen. Um mein Ziel zu erreichen, ist es essenziell, dass *Sie* Ihre Ziele erreichen und dass Sie mir davon berichten, wie sich *Ihr* Leben zum Positiven verändert hat. Schreiben Sie mir eine E-Mail oder einen Brief und erzählen Sie mir von den unglaublichen Erfolgen, die Sie mithilfe dieses Buchs erzielen konnten. Erst dann werde ich wissen, dass ich mein Ziel erreicht habe – dass ich meinem Anspruch an mich selbst genüge.

Damit Sie diese Erfolge erzielen können (und ich meinen Erfahrungsbericht bekomme), müssen Sie die neuen Einblicke und Ihr neues Wissen sofort umsetzen. Ideen, in die nichts investiert wird, sind verschwendet. Das will ich nicht. Die Zeit ist gekommen, auf Ihre neuen Überzeugungen Taten folgen zu lassen. Jetzt haben Sie die Macht, und ich erwarte von Ihnen, dass Sie sie ergreifen!

Sie *sind* bereit, Ihr Leben dramatisch zu verändern, richtig? Die Antwort lautet natürlich: »JA!« Aber wie Sie ja inzwischen wissen, ist es das eine zu sagen, man sei bereit, die nötigen Änderungen vorzunehmen, und das andere, es auch wirklich zu tun. Um andere Ergebnisse zu erzielen, müssen Sie Dinge anders machen und die Ausnahme sein.

Egal, wo Sie sich gerade befinden oder in welchem Jahr Ihnen dieses Buch in die Hände fällt – wenn ich könnte, würde ich Ihnen die folgenden einfachen Fragen stellen: Blicken Sie fünf Jahre zurück. Sind Sie in Ihrem Leben jetzt da, wo Sie damals dachten, fünf Jahre später zu sein? Haben Sie die schlechten Gewohnheiten abgelegt, so wie Sie es sich damals geschworen hatten? Sind Sie jetzt so in Form, wie Sie es sich vorgestellt hatten? Haben Sie das sichere Einkommen, den beneidenswerten Lebensstil und die persönliche Freiheit, die Sie sich erwartet hatten? Sind Sie so gesund, führen Sie die liebevollen Beziehungen, und haben Sie sich das Know-how angeeignet, so wie Sie es sich für diesen Zeitpunkt in Ihrem Leben vorgestellt hatten? Wenn nicht, warum? Ganz einfach – Entscheidungen. Es ist Zeit, eine neue Entscheidung zu treffen: Entscheiden Sie, dass die nächsten fünf Jahre keine Fortführung der letzten sein werden. Entscheiden Sie sich dafür, Ihr Leben zu ändern, ein für alle Mal.

Lassen Sie uns die nächsten fünf Jahre Ihres Lebens ganz anders gestalten als die letzten fünf. Meine Hoffnung ist, dass Sie nun Ihre Scheuklappen abgelegt haben. Sie kennen jetzt die Wahrheit – Sie wissen, was es braucht, um erfolgreich zu sein. Ausreden gibt es keine mehr. Auch Sie werden sich in Zukunft nicht mehr von den neuesten Werbetricks oder schnellen Erfolgsversprechen ablenken lassen. Sie werden sich unbeirrbar auf die einfachen, aber tiefgreifenden Veränderungen konzentrieren, die Sie Ihren Träumen näher bringen. Sie wissen jetzt, Erfolg kommt nicht von allein und nicht von einem Tag auf den anderen. Sie verstehen nun, dass Ihr Commitment dazu, tagtäglich positive Entscheidungen zu treffen (obwohl sie nicht sofort Wirkung zeigen), dazu führt, dass die Gewinnerformel Sie in Höhen katapultiert, die Sie, Ihre Freunde, Ihre Familie und Ihre Konkurrenz staunen lassen werden.

Wenn Sie Ihrer Warum-Kraft treu bleiben und konsequent Ihre neuen Verhaltensweisen und Gewohnheiten beibehalten, dann *wird* Sie der Impuls in Windeseile nach vorne bringen. Denn wenn Impuls und konstante, positive Aktion zusammenkommen, ist es völlig unmöglich, dass Ihre nächsten fünf Jahre genauso aussehen wie die vergangenen fünf Jahre. Wenn Sie die Gewinnerformel für sich arbeiten lassen, wette ich mit Ihnen sogar, dass Sie erfolgreicher sein werden, als Sie es sich jetzt vorstellen können! Es wird grandios werden.

Es gibt noch ein wertvolles Erfolgsprinzip, das ich gerne mit Ihnen teilen möchte. Ich habe die Erfahrung gemacht, dass man etwas am schnellsten erreicht, wenn man sich auf das Geben konzentriert. Wenn ich mein Selbstvertrauen stärken möchte, helfe ich zuerst jemand anderem dabei, selbstbewusster zu werden. Wenn ich hoffnungsvoller, positiver und begeisterter sein möchte, versuche ich zunächst, das bei jemand anderem hervorzurufen. Wenn ich mir mehr Erfolg wünsche, kann ich ihn am schnellsten erzielen, wenn ich anderen dazu verhelfe.

Investiert man Zeit und Energie darin, anderen zu helfen, kommt das meist wieder zu einem zurück, sodass man selbst zum größten Profiteur seines sozialen Verhaltens wird. Um diese Philosophie in die Tat umzusetzen, schlage ich vor: Wenn Ihnen dieses Buch nützlich war, dann überlegen Sie doch, je ein Exemplar an fünf Menschen zu verteilen, die Ihnen etwas bedeuten und für die Sie sich mehr Erfolg wünschen. Das könnten Verwandte, Freunde, Kollegen oder der Besitzer Ihres Lieblingslokals sein, oder einfach jemand, den Sie gerade erst kennengelernt haben und in dessen Leben Sie etwas bewirken wollen.

Ich verspreche Ihnen: Letzten Endes werden Sie der Mensch sein, der am meisten davon profitiert. Jemandem dabei zu helfen, etwas über Erfolgsstrategien zu lernen, ist der erste Schritt dahin, sie selbst anzuwenden. Gleichzeitig könnte sich so das Leben von anderen für immer verändern … und Sie könnten derjenige gewesen sein, der das ermöglicht hat. Ohne Sie würde dieser Jemand vielleicht nie darauf stoßen.

Schreiben Sie hier fünf Namen von Personen auf, denen Sie ein Exemplar dieses Buches geben:

1) ______________________________

2) ______________________________

3) ______________________________

4) ______________________________

5) ______________________________

Ich danke Ihnen, dass Sie mir Ihre wertvolle Zeit geschenkt haben! Ich freue mich schon darauf, Ihre Erfolgsgeschichte zu hören.

Auf IHREN Erfolg!

Darren Hardy

DANK

Meine Wertschätzung und mein Dank verdient mein ehemaliges Team von SUCCESS Media und dem *SUCCESS*-Magazin, das mich 2010 bei der ersten Veröffentlichung von *Die Gewinnerformel* unterstützte …

Ich danke auch all den brillanten Experten in Persönlichkeitsentwicklung, mit denen ich über die Jahre zusammenarbeiten und von denen ich lernen durfte, und den vielen internationalen Führungspersönlichkeiten, die ich interviewen und so ihre Ideen, Einblicke und Strategien sammeln konnte, um sie dann mit Ihnen zu teilen …

Mein Dank geht an all die tapferen und wagemutigen Leistungsträger, die sich dazu entscheiden … die Ausnahme zu sein. An alle, die sich der Herausforderung stellen, über sich hinausgehen und danach streben, jeden Tag besser zu werden. Und an alle, die jeden Morgen vor der Arbeit meine DarrenDaily-Webseite besuchen, um mehr zu WACHSEN, zu BEWEGEN und SPITZENLEISTUNG anzustreben – immer …

Ich danke auch meinem unglaublich talentierten und leidenschaftlich engagierten A-Team. Eure Charakterstärke, euer Durchhaltevermögen und eure kompromisslose Entschlossenheit sorgen jedes Jahr im Leben von mehr als 1,6 Milliarden Menschen für Veränderung …

Und das Wichtigste zum Schluss: Ich danke meiner wunderschönen und wunderbaren Frau Georgia, die viele Abende und Wochenenden auf mich verzichtet, damit ich an meinen Werken feilen kann, zu denen auch diese Ausgabe von *Die Gewinnerformel* gehört.

ARBEITSMATERIAL

Der Dankbarkeits-Check

Diese drei Menschen in meinem Leben finde ich wunderbar:

1. ________________________________

2. ________________________________

3. ________________________________

Diese drei Dinge gefallen mir an meinem Körper:

1. ________________________________

2. ________________________________

3. ________________________________

Diese drei Dinge gefallen mir an meinem Zuhause und meinem Wohnort:

1. ________________________________

2. ________________________________

3. ________________________________

Diese drei Dinge gefallen mir an meinem Job und an meinem Arbeitsplatz:

1. ________________________________

2. ________________________________

3. ________________________________

Diese drei Talente und Fähigkeiten besitze ich:

1. ________________________________

2. ________________________________

3. ________________________________

In diesen drei Bereichen habe ich Erfahrungen und Wissen gesammelt:

1. ______________________________

2. ______________________________

3. ______________________________

In diesen drei Situationen wurde mir »Glück« zuteil:

1. ______________________________

2. ______________________________

3. ______________________________

Diese drei Dinge gibt es in meinem Leben in Hülle und Fülle:

1. ______________________________

2. ______________________________

3. ______________________________

Laden Sie sich die vollständige Vorlage (auf Englisch) auf *www.TheCompoundEffect.com/resources* herunter.

Der Werte-Check

Werte sind das Navigationssystem unseres Lebens. Sie zu definieren und richtig zu kalibrieren ist einer der zentralen Schritte, wenn Sie Ihr Leben auf Erfolg ausrichten wollen. Die folgenden Fragen werden Ihnen dabei helfen einzuschätzen, was Ihnen im Leben wirklich wichtig ist. Wenn Sie jede Frage mit Bedacht beantworten, werden sich Ihre grundlegenden Werte herauskristallisieren.

Welche Personen in meinem Leben respektiere ich am meisten? Was sind deren zentrale Werte?

Wer ist mein/e beste/r Freund/in, und was sind seine/ihre besten drei Eigenschaften?

Wenn ich in etwas besser sein könnte, was wäre es?

Welche drei Dinge ertrage ich nicht (zum Beispiel Tierquälerei, Kredithaie, Regenwaldabholzung usw.)?

___

Welche drei Menschen auf der Welt kann ich am wenigsten leiden und warum?

___

___

Für welche drei Charakterzüge, Merkmale oder Fähigkeiten bekomme ich oft Komplimente?

___

Was sind die drei wichtigsten Werte, die ich meinen Kindern vermitteln möchte?

___

___

Laden Sie sich die vollständige Vorlage (auf Englisch) auf *www.TheCompoundEffect.com/resources* herunter.

Der Alltags-Check

Mut zur Wahrheit

Hier gibt es keine falschen Antworten, keine Noten, keine Bewertungen, noch nicht einmal eine Interpretation Ihrer Antworten, außer vielleicht Ihre eigene. Seien Sie ehrlich zu sich selbst. Selbst wenn die Wahrheit unangenehm ist oder wehtut: Niemand muss das jemals lesen, und Sie werden niemals erfolgreich sein, wenn Sie sich selbst betrügen.

*Bewerten Sie folgende Aussagen auf einer Skala zwischen 1 und 5 (**1 = trifft gar nicht zu, 5 = trifft genau zu**):*

Beziehungen & Familie	
Ich widme mich jede Woche mindestens zehn Stunden meiner Familie.	1 2 3 4 5
Ich treffe mich mindestens einmal pro Woche mit Freunden.	1 2 3 4 5
In meinem Leben gibt es niemanden, dem ich nicht alles vergeben habe.	1 2 3 4 5
Ich bemühe mich aktiv darum, ein/e bessere/r Ehepartner/in, Vater/Mutter und/oder Freund/in zu sein.	1 2 3 4 5
Ich suche aktiv nach Möglichkeiten, Freunden und Familie Erfolg zu ermöglichen.	1 2 3 4 5
Bei Beziehungskonflikten übernehme ich die volle Verantwortung.	1 2 3 4 5
Ich baue sehr schnell Vertrauen zu den Menschen auf, mit denen ich lebe oder arbeite.	1 2 3 4 5

Ich bin zu 100 Prozent ehrlich und offen zu Menschen, mit denen ich lebe oder arbeite.	1 2 3 4 5
Es ist einfach für mich, Verpflichtungen einzugehen und ihnen nachzukommen.	1 2 3 4 5
Ich weiß, wann ich Hilfe brauche, und freue mich immer über Unterstützung.	1 2 3 4 5
Gesamtpunktzahl:	

Fitness	
Ich mache mindestens dreimal pro Woche Krafttraining.	1 2 3 4 5
Ich mache mindestens dreimal pro Woche Ausdauertraining.	1 2 3 4 5
Ich mache mindestens dreimal pro Woche Dehnübungen und/oder Yoga.	1 2 3 4 5
Durchschnittlich schaue ich nicht mehr als eine Stunde Fernsehen pro Tag.	1 2 3 4 5
Ich frühstücke jeden Morgen (mehr als Kaffee).	1 2 3 4 5
Ich esse niemals Fastfood.	1 2 3 4 5
Ich verbringe mindestens 30 Minuten pro Tag an der frischen Luft.	1 2 3 4 5
Ich schlafe jede Nacht mindestens acht Stunden durch.	1 2 3 4 5
Ich trinke nicht mehr als ein koffeinhaltiges Getränk pro Tag.	1 2 3 4 5
Ich trinke mindestens acht Gläser Wasser pro Tag.	1 2 3 4 5
Gesamtpunktzahl:	

Laden Sie sich die vollständige Vorlage (auf Englisch) auf *www.TheCompoundEffect.com/resources* herunter.

Der Gewohnheits-Check

Die Magie entsteht in dem Moment, in dem Sie zu der Person werden, die Sie sein müssen, um die Menschen oder die Erfolge anzuziehen, die Sie treffen oder erreichen wollen. Nutzen Sie dieses beispielhaft ausgefüllte Arbeitsblatt, um herauszufinden, zu wem Sie werden müssen.

BEISPIEL:

ZIEL: In zwei Jahren 80.000 Euro mehr Einkommen erzielen
Generelle Beschreibung der Person, ZU DER ICH WERDEN MUSS:
★ Ich bin ein Meister der Zeiteffizienz. ★ Ich konzentriere mich auf hohe Gewinne und äußerst produktive Handlungen. ★ Ich stehe morgens eine Stunde früher auf und rufe mir meine Prioritäten ins Gedächtnis. ★ Ich ernähre mich gesund und mache an vier Tagen pro Woche Sport, um energiegeladen und effizient arbeiten zu können. ★ Ich suche stets nach Ideen und Inspiration, um weiter leidenschaftlich bei der Sache zu sein. ★ Ich umgebe mich mit Mentoren und Gleichgesinnten, die meine Erwartungen nach oben schrauben und mich dazu anregen, noch mehr Disziplin, Commitment und Leistung an den Tag zu legen. ★ Ich bin eine intelligente, selbstbewusste und effektive Führungspersönlichkeit. ★ Ich hole das Beste aus allen Menschen heraus, die mich umgeben. ★ Ich betreue meine Kunden exzellent und finde immer Wege, ihnen ein »Wow« zu entlocken, was zu mehr Aufträgen und vielen Empfehlungen führt.

Neue Gewohnheiten, Tätigkeiten oder Verhaltensweisen, die ich mir ANEIGNEN muss:
★ Um 5 Uhr aufstehen, mein Gehirn mit positivem Input füttern – 30 Minuten lesen und 30 Minuten CDs oder Hörbücher mit inspirierenden und lehrreichen Inhalten hören. ★ 30 Minuten Ruhezeit zum Nachdenken ★ 30 Minuten Zeit zum Planen und Frühstücken (ballaststoff- und proteinreich) ★ 30 Minuten Sport, mindestens dreimal pro Woche ★ Pro Woche zehn wichtige Kunden an Land ziehen, zehn bereits vorhandene Kunden kontaktieren und die Beziehung ausbauen, jeden Tag im Voraus planen, an Geburtstage und Jahrestage von Angestellten und Kunden denken, Neuigkeiten, Blogs und Updates von Zielkunden verfolgen …
Gesunde Gewohnheiten, Tätigkeiten oder Verhaltensweisen, die ich AUSBAUEN muss:
Meinen Kollegen Anerkennung zollen, wenn sie etwas leisten; administrative Aufgaben delegieren; früh ins Büro gehen; pünktlich sein; mich professionell kleiden …
Schlechte Gewohnheiten oder Verhaltensweisen, die ich ABLEGEN muss:
★ Am Abend zwei Stunden fernsehen und im Auto Nachrichten hören ★ Unproduktive Meetings besuchen, zu Projekten Ja sagen, die mit meinen höchsten Prioritäten in Konflikt stehen ★ Mit Kollegen lästern, mich über die Wirtschaft, den Markt, Kollegen oder Kunden beschweren ★ Während der Arbeit persönliche Anrufe tätigen oder privat Zeit auf Facebook oder anderen sozialen Medien verbringen ★ Nach 19:30 Uhr etwas essen, mehr als ein Glas Wein trinken, opulente Mittagessen ohne Kunden veranstalten …

Drei wichtige Änderungen und wie ich sie in meine Routine einbaue:	
GEWOHNHEIT, VERHALTENSWEISE ODER TÄTIGKEIT	**INTEGRATION IN ROUTINE**
Positiver Input	Morgens, während der Kaffee brüht, 30 Minuten lesen. Auf dem Weg zur Arbeit und zurück Audiomaterial hören.
Zehn neue Kunden pro Woche anrufen	Di 14–17 Uhr, Mi 10–12 Uhr, Do 13–16 Uhr
Unterstützendes soziales Umfeld	Alle zwei Wochen an einem Forum für Macher und Denker teilnehmen.

Laden Sie sich das vollständige Arbeitsblatt (auf Englisch) auf *www.TheCompoundEffect.com/resources* herunter.

Wöchentliche Rhythmustabelle

Verhalten/ Handlung	Mo	Di	Mi	Do	Fr	Sa	So	Erreicht	Ziel	Differenz
							INSGESAMT			

Commitment bedeutet das zu tun, was man angekündigt hat, auch lange nachdem die Stimmung, in der man es ankündigte, verflogen ist.

Zeitraum: ________-________

Der Input-Check

Welchem Input sind Sie ausgesetzt?

Werfen wir einen Blick auf all die Gelegenheiten, bei denen Sie sich möglicherweise einem schädlichen Input aussetzen. Wenn Sie etwas davon nicht tun, tragen Sie einfach eine Null in die Tabelle ein.

	Zeit		
Input	**pro Tag**	**pro Woche**	**insgesamt pro Jahr**
Zeitung			
TV-Morgenprogramm oder Nachrichtensendungen			
Nachrichtensendung im Autoradio			
Abendnachrichten im Fernsehen			
TV-Nachrichtensendung tagsüber			
Neuigkeiten auf Homepages			
RSS-Feed-Nachrichten			
Nachrichten, Klatschblogs, Webseiten etc.			
Nachrichtenmagazine (SPIEGEL, FOCUS etc.)			
Klatschmagazine (BUNTE, GALA etc.)			
Andere Quellen für Nachrichten, Klatsch etc.			
Sitcoms oder andere Sendungen			
Filme (nicht lebensbejahend)			
Insgesamt			

Schreiben Sie drei Wege auf, wie Sie den negativen, Angst schürenden und beunruhigenden Input ausblenden oder signifikant reduzieren können, der Sie über Gerede, Kommentare auf sozialen Medien, Zeitungen, Fernsehen, Radio, Magazine oder Ähnliches erreicht.

1. ______________________________

2. ______________________________

3. ______________________________

Ihr Input-Plan

Auf welchen Wegen werden Sie sich proaktiv um positiven, inspirierenden und wohltuenden Input kümmern?

1. ______________________________

2. ______________________________

3. ______________________________

4. ______________________________

5. ______________________________

Der Kontakte-Check

Evaluation Ihres aktuellen sozialen Umgangs

Hier geht es um die ZEIT, die Sie mit Menschen außerhalb Ihres Haushalts (Ehepartner und Kinder) und Ihres direkten Arbeitsumfelds (die Menschen im Büro, es sei denn, Sie treffen sich auch privat) verbringen. Beurteilen Sie deren Erfolgslevel in jeder der untenstehenden Kategorien.

Name	Fitness	Finanzen	Beruf	Einstellungen	Spiritualität	Familie	Beziehungen	Lebensstil	Durchschnitt
1.									
2.									
3.									
4.									
5.									
Durchschnitt									

Ordnen Sie Ihre Kontakte jetzt in die folgenden drei Kategorien ein: zu vermeidender Umgang, zu beschränkender Umgang und zu erweiternder Umgang.

Zu vermeidender Umgang

Vielleicht müssen Sie den Kontakt zu jemandem in der obigen Tabelle abbrechen. Oder zu jemand anderem, der Teil

Ihres Lebens ist und einen schlechten Einfluss auf Sie hat – mental, emotional, körperlich oder anderweitig. Diese Menschen haben einen negativen Einfluss darauf, was Sie denken, essen, trinken, machen, sehen, hören usw.

Name
1.
2.
3.

Laden Sie sich das vollständige Arbeitsblatt (auf Englisch) auf *www.TheCompoundEffect.com/resources* herunter.

Wie geht es jetzt weiter?

Schritt 1: Weitergeben

Stärken Sie Ihr »Erfolgsnetzwerk«. Wessen Erfolg hilft Ihnen dabei, selbst noch erfolgreicher zu sein?

★ Familie (Partner/Partnerin, Kinder, Eltern, Verwandte)
★ Kollegen, Kunden, Geschäftspartner
★ Freunde, Gleichaltrige, Nachbarn
★ Vereinskollegen, Sportkameraden, Gemeindemitglieder

Geben Sie das Geschenk der Gewinnerformel weiter!

Schritt 2: #BetterEveryDay

Treten Sie der #BetterEveryDay-Community bei:

★ Bei DarrenDaily.com erhalten Sie jeden Werktag ein kurzes Video (auf Englisch) mit einem wertvollen Gedankenanstoß, um gut in den Tag zu starten und täglich etwas besser zu werden (#BetterEveryDay). Auch als Podcast erhältlich unter DarrenDailyOnDemand.com.
★ Treten Sie mit Gleichgesinnten in Kontakt und besuchen Sie uns in den sozialen Netzwerken:

Schritt 3: Dem Erfolg auf die Sprünge helfen

Der nächste Schritt auf Ihrer Reise beginnt jetzt …

Sie sind begeistert von den Dingen, die Sie in diesem Buch gelernt haben, fühlen sich aber etwas überwältigt und wissen nicht so genau, wie und wo Sie anfangen sollten? Wenn Sie gern von Darren dabei unterstützt werden möchten, wie Sie die Gewinnerformel in Ihr Leben integrieren, dann nehmen Sie an seinem sechswöchigen Trainingsprogramm teil. Darin zeigt er Ihnen persönlich, wie Sie Ihrem Erfolg auf die Sprünge helfen und Ihr Leben verändern:

★ Einfache Schritte.
★ Kleine Anpassungen.
★ Maximale Ergebnisse.

JumpstartMySuccess.com (auf Englisch)

REGISTER

F

G